你是 我 生命永远的 主角——

章早儿 著

中国华侨出版社

图书在版编目（CIP）数据

你是我生命永远的主角 / 章早儿著 . — 北京：中国华侨出版社，2017.5
ISBN 978-7-5113-6804-1

Ⅰ . ①你… Ⅱ . ①章… Ⅲ . ①成功心理—通俗读物 Ⅳ . ① B848.4— 49

中国版本图书馆 CIP 数据核字（2017）第 091340 号

你是我生命永远的主角

著　　者 / 章早儿
出 版 人 / 方　鸣
出 品 方 / 云策文化
责任编辑 / 安　可
项目监制 / 王　静
策划编辑 / 杨　蓓
经　　销 / 新华书店
开　　本 / 700mm×1000mm　　1/16　　印张 / 16　　字数 / 120 千字
印　　刷 / 天津市银博印刷集团有限公司
版　　次 / 2017 年 6 月第 1 版　　2017 年 6 月第 1 次印刷
书　　号 / ISBN 978-7-5113-6804-1
定　　价 / 49.80 元

中国华侨出版社　北京市朝阳区静安里 26 号通成达大厦 3 层　　邮编：100028
法律顾问：陈鹰律师事务所
发行热线：（010）58408902
网　　址：www.oveaschin.com
E-mail:www.oveaschin@sina.com

序
请一直保持最美好的姿态

也许你认识早儿是通过 2014 年北京卫视的《我是演说家》，也许是更早时候，湖南卫视《女人如歌》。又或许，你是在早儿的全国高校巡回演讲中，才开始知道有一个人，她叫章早儿。

在你眼里，早儿的形象可能是温暖的、坚强的、可爱的，这些全都对，但又不全对。你要明白，电视会将一个人的某个标签放大，让人误以为，电视上的那个她，是完整的她。而在实际生活中，每个人都有很多面，对于早儿，你手上捧着的这本书，将帮助你认识最完整的早儿。

2014 年录制北京卫视《我是演说家》节目时，我曾放出豪言，在这一季节目里绝对不会流一滴眼泪。但是初赛的时候，我就被自己打脸，在节目里哭得稀里哗啦。让我哭的这个人，就是早儿。

严格来说，早儿在那一季演说家选手中，并不算突出。我在节目里也已经坦言，我为她拍灯最直接的原因，就是她是一位单亲妈妈。她是带着真情在演讲，我喜欢她的故事。

在《我是演说家》节目录制过程中，早儿曾准备一篇演说稿，题目叫《人生，没有绝对的预判》，最终这篇演说未能在节目中与观众见面。但从 2015 年起，她以这个主题，在全国启动了巡回演说。

早儿从小到大，经历过单亲家庭，经历过亲人离世，经历过感情破裂，经历过身患重症。但她用自己的方式，过出了最美的生活姿态。

"演说家"节目之后的某一天，早儿在微信里说，她在一所学校演说，把她的故事和感受分享给了现场的同学。从那天开始，她陆续走进了几十所大学，让十几万人听到了这些故事。

又有一天，她又在微信里说，她准备把自己的故事写出来。这样，即使不到她的演说现场，也能知道她的故事。于是，现在有了你手里这本书。

在大多数时候，早儿是会让身边人涌生保护欲的，这在电视节目中和生活中都会发生。她遭遇过太多的变故，其中任何一个，都让平常人难以承受。面对一个遭遇过这么多变故的人，我们会习惯性地认为，她一定过得不好。

但无论是电视中还是生活中，早儿带给周围人的，永远是阳光灿烂。她让更多人知道，并不是所有的单亲妈妈都会心怀怨恨，不是身患重症就应该对生活失去希望，不是所有的遭遇都会打败我们。

2014 年 9 月与她相识，我便亲眼见证她笑着讲述自己的故事；见证她度过三年危险期，打败肿瘤；见证她辞去稳定的工作，开始尝试创业，要给自己的家人创造更好的生活。

2015 年 7 月，她告诉我，她怀孕了，因为身体很不稳定，所以她必须放下一切工作，保护小宝宝。在这半年多时间里，她无时无刻不为自己和孩子担心。直到孩子出生那天，她也是经历了几道难关，最终母子平安。

小宝宝满一百天时，我给他录制了一段视频，在视频里我告诉他："我很高兴成为你人生历史中的一个见证者。我想，在不远的将来，当我见到你的时候，你已经能够叫我一声乐嘉叔叔了。不过，我估计在那天之前，我已经看到你了，期待早日和你见面。我更期待，在二十年后，当你把这段视频拿出来，虽然那个时候乐嘉叔叔看上去已经很苍老了，但你仍旧可以从我今天的语言和眼神当中，看到我对你的爱。我相信，在这个有着完整的爱的家庭里，你一定会健康快乐地成长。牙牙，我爱你！"

"演说家"节目之后，早儿跟随我学习演说，成为了 FPA 性格色彩讲师，我也时刻关注着她的改变和成长。

而这本《你是我生命永远的主角》则是让我认识到一个更加完整的早儿，了解为什么早儿会成为早儿。

我毕生推动的，就是让人们寻找到更和谐的沟通方法，但我深深地知道，每个人面对生活的态度是有差别的，道理说得再多，一点用都没有，唯有真实的故事才能给我们力量。

所以，不论你曾经遭遇什么，或者现在正在遭遇什么，请认真读完这本书，在这本书里会有让你感到温暖的力量，有告诉你如何坚持下去的声音。如果你还不曾遭遇不幸，也要认真读完这本书，如果你身边人有需要，你一定能帮助到他们。

我们希望一切都是美好的，但是也无法避免不美好发生，在这些不美好发生的时候，如何继续保持最美好的姿态。在这本书里，你将找到答案。

前言　你是我生命永远的主角

2011 年 11 月 29 日，我的妈妈在流下最后一滴眼泪之后，离开人世。她创造了我，为我创造了一个美好的生活。然而，她还未来得及享受女儿为她创造的安伦之乐时，告别了她的女儿。妈妈离世后的很长一段时间里，我就像一个空皮囊一样，没有生机，没有希望。

转眼间，妈妈去世已近六年，是日，为妈妈的墓地缴纳管理费。我问工作人员，我可以一次性把墓地的管理费都交了吗？工作人员疑惑地看着我，说：不可以，最多只能一次性交 20 年。

忽然之间，一股悲凉感风袭而来。我的人生还有多少个 20 年呢？当有一天，我已不在人世，是否还有人，为我守住我生命中最重要的这个人？

后来，我才明白一个道理，生命不是逝去，生命是延续。我是妈妈生命的延续，而峻叔，则是我生命的延续。

2012 年 7 月，我因为一次腹痛，去医院做检查。几天后，拿到化验单，上面清楚地写着"CA"。cancer 的简写，也就是恶性肿瘤。不管是化验单上的数字，还是亲朋好友，都仿佛预判了我不会再有美好的生活，因为我是一个单亲妈妈，带着一个八岁大的儿子，现在又连自己都照顾不好了，怎么会有美好的生活呢？

那是一个乌云重重的日子，我担心的并非那有限的生命还有多少，而是那让我牵肠挂肚的小主角，峻叔。我不知道该如何告诉他这个事实，不知道他失去我之后，会怎样？

那天，我和峻叔看完电影。走出电影院，我对他说：妈妈生病了，和外婆一样，妈妈会很努力地去治病。但是，男孩要独立，即使有一天失去妈妈，也不会感觉到孤单了。"我想告诉他，即使有一天没有我，他也要像超级英雄一样，敢于面对所有的事情。

那时的峻叔，还没有我高，他抬起头仰望着我，用无比坚定的眼神，回了一句："我不会失去你的，因为你是主角，主角永远都是到最后的。"显然，他的答案，已经远远超越了我的担忧。

于是，作为峻叔生命里永远的主角，我选择与他开始一段不一样的生命旅程。从来都懒得旅游的我，开始带着我的儿子到处旅游，还互相给对方写明信片，我为他开了一个私密博客，在里面述说对他的爱。

小时候，我很喜欢唱歌，从来都没有上过一节声乐课的我，特别向往美丽的舞台，在以前这个愿望对我来说，太遥不可及了。可是生病后，我却实现了这个愿望。在很多人的帮助下，我在我们当地最宏伟的大剧院，举办了我的个人音乐会，有上千位观众来听我唱歌。那一天，我在舞台上放声歌唱，在那里，接受着所有人的拥抱和祝福。

在这段别样的生命旅程里，我收获了不同的人生体验，也收获了新的爱情，我全身心地享受着恋爱的美妙和热烈。

生病后的每一天，我坚持让自己心情保持轻松愉快，坚持去做我想要做的事情。有句话说："如果你用正确的方式去过你的人生，命运自然会照看你。"这句话仿佛幸运地应验在我身上，几年过去了，我的检查结果一次比一次更好。2016 年，一个新的小生命来到了我身边，我们为他取名为：牙牙。

牙牙，这个新生命的到来，也让我生命里，从此多了一个主角。这是一个富有巨大能量的小主角。每每我要感伤岁月如歌般渐渐远去时，他那纯真无邪的笑脸总让我觉得此生无憾。你知道吗？我永远不会忘记，他刚一出生时的第一声啼哭，不会忘记他第一次笑竟是在睡梦中，不会忘记他第一次踉踉跄跄地放手走路，不会忘记他叫我的第一声"妈妈"。

有时候，我就这么痴痴地看着这个小主角，感受这个小生命充满的无限希望，即便皱纹渐多、身材渐胖又如何呢？

有他们，足矣。

在这个大千世界里，谁才是主角呢？

我们或许普通得就像一粒尘土，恨不得深埋沙尘之中，不被看到。我们无法让这个世界记得住我们，更无法让这个世界将我们载入史册。

但是，即便我们的人生再平凡、再卑微，在那个深爱着我们的人心里，我们永远是那个富有光环的主角，我们拥有披荆斩棘的能力，我们拥有"留在最后"的主角光环，甚至，我们成为他更好地活着的信念。因为我们的存在，那些深爱着我们的人，不再感受黑暗，不再拥有苦痛，不再与孤独共处。

这个深爱着我们的人，是生养我们的父母，是约定携手共老的爱人，是我们含辛茹苦养大的孩子，或许，还是此时此刻，正在看着我的故事，在文字的那端，感受着人生百态的你。

谨以此书，献给我生命里永远的主角。

目录
contents

1

世间美好，莫过于与您一起度过

2

你是我生命永远的主角

5 我的演说之旅

附录

第一章

世间美好，莫过于与您一起度过

最开始是姥姥病了

然一天，姥姥病了，住进医院。

从那时起，一家人围着她转。姥爷每天在医院陪着她，照顾她；妈妈时常往医院跑，为姥姥忙前忙后。

生病就是这样，就在你和你家人按原定轨道生活着的时候，它无情地打破了你曾安定无忧的生活，打破了你家人原本该有的生活轨迹。

但那时，对于只有 11 岁的我来说，我以为，姥姥或许只是一场感冒。

直到一天，我嚷嚷着要妈妈陪我，妈妈说什么都不肯，她说得去陪姥姥。于是我就抱怨：为什么要去陪姥姥，不陪我？

我的抱怨，理直气壮。

妈妈的一声呵斥，怔住了我。

妈妈说：你知不知道，现在陪姥姥一天就少一天了！你知不知道，你随时都有可能会失去她！你知不知道，姥姥得的是癌症，癌症！

那是我第一次知道，有一种病，叫癌症。可怕的是，这种病，会在一瞬间，让你失去你最爱的人。

此后的十几年时间里，从姥姥到妈妈，从妈妈到我，癌症，算是与我

"结缘"了。

但姥姥，似乎并不像是那个会瞬间离开我们的人。患癌之后，她照样"欺负"姥爷，照样爱漂亮，每次化放疗之后照样一副傲娇姿态。大概她从来没想过，自己和死亡有联系。她说，生病就像是房间脏了。手术，就是要把脏乱的房间打扫干净。医生把房间打扫干净了，病就好了。尽管很多人对癌症的理解就是：患癌，就一定会死。

姥姥患的是乳腺癌。

一场手术，切除了那个要人命的恶性肿瘤，随之切除的，还有她那半边乳房。乳房，作为女性的一个标志物，让一个女人充满自信和美丽。失去乳房，意味着你要失去你作为女性的主要特征。这对于爱漂亮的姥姥而言，尤是如此。

切除乳房后，姥姥变得不愿意出门，不愿意让别人给她洗澡。穿上衣服后，这种一边有胸一边没胸的外表，让她觉得很羞愧。为此，妈妈买了很多棉花，用旧衣服和内衣做了一个假的乳房，让她戴上。这样一来，外人便看不出来有什么异样。

后来，姥姥一直戴着那个内衣，走出门，那副傲娇姿态又回来了。那一年，姥姥近六十岁。

再后来，姥姥就像个没事儿人一样，这么幸运地过了三年生存期，又很幸运地过了五年生存期，幸运地过了八年生存期。

八年生存期，意味着八年之后，癌症复发的几率微乎其微。但姥姥脖子后面的一个小东西，改变了这八年生存期的预言。

某天，姥姥在家不停地摸着自己的脖子，问妈妈：艳艳，你看我这里是不是有个小东西啊。检查发现，这是淋巴癌。八年之后，癌症竟悄然转移到了淋巴。远程转移，就等于是癌症晚期。

妈妈立即把姥姥送去湖北省肿瘤医院，年近七十岁的姥姥，已经无法承受手术，只能进行化放疗。化放疗后，在姥姥的脖子上，赫然盖有一个紫色的烙印，姥姥说，那是化放疗留下的。因为要做放射线，在那个位置会留下一个烙印。

古人犯罪后，会在其身上烙上深印，告诉所有人他曾犯过罪；

猪肉检验后，会在猪肉上盖上印章，告诉人们这猪肉是合格的；

而姥姥身上这烙印，这紫色的烙印，似乎就是要告诉所有人，她患癌症了！

这是每个癌症病人在化放疗后都会有的烙印。深深的烙印，无异于让癌症病人在承受癌症之痛时，还要赤裸裸地告诉外界，他是癌症病人。

姥姥似乎并不把这个当回事，病房里，跟其他病人说话，仍然嘻嘻哈哈。她觉得可惜的是，以后不能再吃鱼虾蟹了。

但在肿瘤医院，我看到太多带有这种烙印的人，年轻的、年老的，男人、女人。他们当中，有的不久后会离开人世，有的苟延残喘，极少能安然存活下来。

姥姥，便是那极少人中的一个。

直到今天，姥姥仍然活着，带着糖尿病、带着高血压、带着心脏病在活着，她每天吃的药，跟饭一样多。但她仍然像个没事儿人一样，按时吃药，按时做身体检查。如果你要给她糖吃，她会坚决拒绝你："我不吃糖、不喝饮料，少吃水果。"这大概能解释为什么她能在两次患癌、带有糖尿病、高血压、心脏病之后，仍然能安然地活着吧。

我的单亲妈妈

当我成为单亲孩子后，我的妈妈，一个单亲妈妈，带着我一同成长。这些年里，妈妈教给我什么是亲情，什么是爱情，什么是勇敢，什么是努力。她给那个单亲家庭长大的女孩儿一段美好的生活，像坚强的花朵般，不惧风雨，只管骄傲。

我以为爸爸出差了，像往常一样。直到一天别人跑过来跟我说：你没有爸爸了，你爸爸走了。

我跑回去问妈妈：爸爸去哪儿了？

妈妈没直接回答。她说：你爸爸是我见过长得最好看的男人，多才多艺，弹得一手好吉他，吹口琴会吹和弦，会写一手好文章。

我一脸疑惑，问：爸爸这么好！但你还没回答我，爸爸去哪儿了？他是不是离开我们了？为什么？

妈妈回答：是，爸爸离开我们了，因为爸爸和妈妈不再相爱了，就像你们班成绩最好的学生，未必是你最好的朋友，你未必会喜欢他。我似懂非懂的，也不再问了。

那一年，我 4 岁。

◎ 万能手妈妈

从此，不再有爸爸妈妈睡两旁，我睡中间的情景；妈妈抱着我，爸爸给我拍照的时刻已不复。伴我入睡的只有妈妈，还有那个穿着油绿色灯丝绒衣服的"玛妹"。

玛妹，是我记忆里的第一个娃娃，名字是我取的。我得到它非常不容易。

我是在街上的一家橱窗里看到它的，那时爸爸妈妈还没分开，我对它一见钟情。每天经过那橱窗，久久不愿离去，我只想能跟它待得久些、久些、再久些。爸妈见状，也不问，我也不说。一回到家，我便把沙发垫子一扯到地，跪着。我在无声地渴求。

几天后，我在家中见到它了，紧紧抱着不愿松手。从此，它成了我最好的朋友。我每天要给它讲故事、唱儿歌，我把老师教给我的拼音，一个一个再告诉它。

爸爸走后，我更离不开玛妹。每天放学后的第一件事，是要回家抱它。一天放学回家后，我看到玛妹坐在我的写字桌上。在它身上，竟然穿着一件油绿色的灯丝绒新衣服，在衣服边沿，一圈金光闪闪的金丝边点缀着。

这简直是这世界上最好看的娃娃。

原来，妈妈知道我很喜欢玛妹，一针一线地亲手给玛妹做了一件新衣服。

邻居家一个熊孩子，一个非常熊的小孩，趁我不在家时，想要给玛妹"剪指甲"。一刀剪下去，玛妹一只手掌被剪断。再一刀，另一只手掌，落在地上。

失去了两手的玛妹，被妈妈藏了起来。

我放学回家，问妈妈："玛妹去哪儿了。"

妈妈说："它受伤了。"

"我要见到它。"

"我明天给你，好吗？"

"好。"

我在没有玛妹陪伴的夜晚，独自睡着。床旁，借着微弱的灯光，妈妈拿起针线，一针一线，把玛妹的手掌缝上。

第二天，被缝好的玛妹，躺在我身旁。她的双手，从此多了一对儿手环。

慢慢地，我发现妈妈是个"专业裁缝师"。我小时候的衣服基本都有她缝过的痕迹，毛衣、裙子、裤子，无一不会缝补。经她缝补的衣服，更加时髦洋气。裤子短了，她不急着丢，拿起裤子来便改造。一条裙子由此诞生。在这条裙子上，还镶嵌了几粒小珠子。天冷了，妈妈织一条围巾，戴在身上，再冷的天也暖和。

妈妈，似乎长着一双万能手。

妈妈和她的宝贝女儿

◎ 为我拼命的妈妈

湖北的冬天很冷，尤其在我所住的那座小县城，下起雪来遍野苍茫。冬天一到，我们家少不了煤球，取暖做饭，总得用上。我们家的煤球，是妈妈亲手制作的。将一堆煤灰做成煤泥之后，再做成一个个煤球。我的冬天，全凭这燃烧的煤球度过。

家中，一切该由男人完成的事情，都由妈妈一个人完成。家里灯泡烧了、门窗坏了，妈妈一人搞定。

但有一次意外，我觉得我险些要失去妈妈。

那天，妈妈要把墙上的钉子拔下来，换另一颗钉子。就在拔钉子时，钉子不慎从墙孔弹出，一弹，直插入妈妈胸口，鲜血喷涌而出。我站在一旁，直直看着钉子插入妈妈胸口。我被吓哭了，不停地抽泣，我很怕因此失去妈妈。然而，胸口一直血流不止的妈妈，反而出奇地冷静。

她很淡定，"你先走开，我必须把钉子弄出来。"

一拔，钉子出来，上面全是铁锈，妈妈赶紧拿酒精消毒，消毒之后带着我一块儿跑去医院。全程，妈妈一滴眼泪没流。

那时，我觉得全世界最勇敢的人，就是我的妈妈了。

我要送妈妈去火车站。在熙熙攘攘的街道，形形色色的路人中，我的手机被抢了。一个瘦高的男子，一把抓住我胸前挂着的手机，用力一扯，头也不回地往前跑。我还没回过神儿。

妈妈一个箭步，直往前冲，穷追不舍。男子一跃，跨过跨栏，跑到了对面的道路上，瞬间消失在人群中。妈妈紧随着也一个跳跃，跨过那约莫一米多高的跨栏。

妈妈的双眼在人群中搜索，一眼看到了那个佯装淡定的男子。她上前一把抓住男子的手，呵斥一声：把手机拿出来！

谁知，男子用力挣脱双手，再一次跑了。在汹涌的人群中，跑得飞快。妈妈又再一次，跟着追了上去了。

男子在前面跑，妈妈在后面追，围观的群众看着。此时此刻的我，也加入了这场围堵之中，越来越多的路人看到我们母女在穷追不舍，也加入进来。

终于，男子被捕。妈妈一把夺回手机，放到我手上。夺回之后，我心有余悸。不是怕别的，万一劫匪抽出一把锋利的小刀，万一劫匪还潜藏着同伙……

我问妈妈："你为什么拼了命地要把手机夺回来？"

妈妈说："如果是我的手机，我可能就不会追回来了。但是你的，我一定要追。"

◎ 骨折

人在跌倒时，第一反应是什么？

或许，是第一时间保护好自己。

妈妈这辈子发生过三次尾节骨骨折。一次是因为年少时学戏曲练基本功，一次是因为我，一次是因为峻叔。

我三年级那年，我们终于搬进一套两室一厅的房子，有独立洗手间。在那之前，我是在公共澡堂洗澡的。

搬到新家后，妈妈每天都会帮我洗澡。一次妈妈帮我洗澡时，地上太滑，我一个踉跄就要往下摔。眼见我就要摔倒，只听"吧唧"一声，妈妈重重摔在地上，我被她双手托着，毫发未损。妈妈坐在地上，许久不能起来。我要去扶她，她不让，让我别动别扶。我在一旁，又哭了。过了很久，妈妈才能在疼痛中爬起来，医院一检查，尾节骨骨折。

第三次骨折，是在峻叔一岁时。

峻叔一岁时，爱玩，但步子走得不稳，妈妈得时刻照看。峻叔在二楼玩得激动时，一个不小心，就要从二楼楼梯摔下来。妈妈见状，来不及拦住峻叔，一把抱住他，一同滚了下去。整整十多级楼梯，妈妈抱着峻叔，就这样从二楼，顺着阶梯，滚到一楼。峻叔也是毫发未损，妈妈的尾节骨，再次骨折。

◎妈妈为我建造的"完美世界"

这是一座四周环山的小县城。连接县城和市区的，是一条条蜿蜒曲折的盘山公路。100 多公里路，要走上 6 个小时。到了冬天，大雪封山时，连接外界的唯一通道被阻塞。外面所有流行的事物，要过上好几个月，才在小县城里流行起来。

但我的妈妈，总能变着法子，让我成为小县城里的潮流引领者。正如当年，她永远引领县城的潮流一样。

妈妈带回来一个橡皮擦，带着香味的小香珠橡皮擦，我拿到班上炫耀，同学纷纷过来围观，左看右看，拿起来闻闻。他们从未见过这种橡皮擦，惊讶我怎么会有这种橡皮擦。

妈妈带回来一本笔记本，一本硬皮的、紫色外壳的笔记本，好看极了。那时，在我们县城里，所见过的笔记本，除了田字格本，就是拼音本。我拿着这本紫色的笔记本，久久不舍得在上面写字。我希望它永远这么崭新地放在我的书包里。

妈妈带回来一个文具盒，一个有按钮的文具盒。按下这个按钮，橡皮擦跳出来；按下那个，卷笔刀跳出来。我第一次见到如此多功能的文具盒，欣喜若狂。不停地按下按钮，成为了班上同学的一种乐趣。而我，因此成为班上第一个使用有按钮的文具盒的人。

我 7 岁那年，妈妈给我带回来一套书。1988 年版的《世界童话名著》，整整 8 本。妈妈为了买下这套书，花了她一个多月的工资，30 多块钱。

我捧着它们，徜徉在童话世界中。第一次认识了生活在这个世界上的人物，小王子、人鱼公主、白雪公主、海的女儿、龙子太郎。我开始爱上他们。

他们，陪伴了我的童年。

因为多次搬家，这些陪伴我成长的童话书，失散了不少。直到后来，我在网上再次遇见，并买下它们。如今在我家中的书架上，摆放着这套曾经获得过"中国图书奖"的童话书。峻叔想要看，我说，那你要先洗好手。

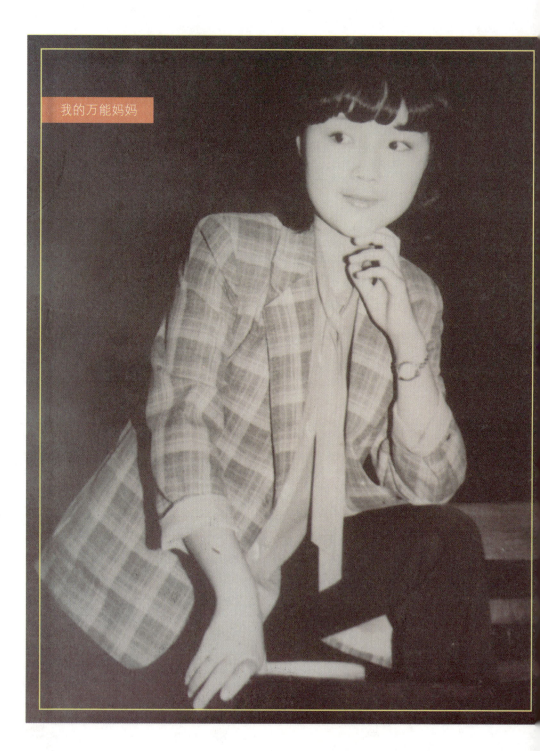

我的万能妈妈

　　曾经年幼的我，对爱的理解、对勇敢的理解、对美好的理解、对温暖的理解、对诚实的理解，尽从此书中学来。我多么希望，它们曾经教给我的这些东西，能得以传承。

　　很多年之后，当他们的名字再次出现时，是在电影上。我曾经看过的一个个童话故事，在多年之后，被拍成了一个个大电影。曾经的莴苣公主，如今他们称她为长发公主。曾经的《纳尼亚传奇》，也被搬上了大荧幕。《查理和巧克力工厂》原来如此美、如此奇妙，工厂主人被德普演绎得如此生动。

　　电影上的那一幕幕，如此熟悉。

　　我仿佛回到了童年。那时，我为了人鱼公主而落泪。我痛苦于人鱼公主的结局，不解于她为何为了一个不曾爱她的王子化为泡沫。

　　多年以后，当我真正懂得爱情时，我才知道，为了我爱的人，我可以奋不顾身。

　　童话世界里，荆棘遍布，总会有巫婆和恶毒的王后，她们面目狡黠，心狠手辣。现实世界中，依然有困难险阻，我们遍体鳞伤，心灰意冷。

现实生活告诉我们，童话结局未必是美好。

但我仍然坚信，童话世界里的那些美好，总会在现实中影响着我，让我相信，就算此时此刻，我被伤得无力还击，但总有一天，美好会给那些伤痛一抹阳光。

◎ 早儿也有"三迁"的"孟母"

为了让我能考上当地最好的中学，四年级那年，妈妈辞去工作，带着我从小县城来到了市区，租住在一个小房间里。

这是妈妈第一次为了我的学习而辞职搬家。

那是一个不足 30 平方米的小房间，没有独立洗手间，四面不通风。每次上洗手间，我需要等上好几个人。那时，我最大的愿望，就是希望能拥有一个独立卫生间，不用苦苦等待。

此后的多年里，母亲一再为了我的学习，数次辞职搬家，就像"孟母三迁"的故事发生在我身上似的。我到市区读书，妈妈辞职搬到市区；我在武汉上学，妈妈辗转武汉。

每到一个地方，对我而言是一个新的学习环境。我在那里，会有新的老师，结交新的朋友。我是学生，我的时间会被各种各样的课程填满。但对妈妈来说，意味着她要重新找份工作。一路搬家，妈妈从事了不少工作。在公司里当普通文职，为人复印文件；在餐厅里当服务员，后来还当上了餐厅经理。

我的学费并不低，尤其还要学钢琴。要负担起我的学费，妈妈仅有的一份工作难以支撑。下班之后，她跑去广告公司，在那卖起了挂历。每卖一本，能有一些微薄的收入。

一开始，我以为妈妈仍然是一名演员，一名穿着戏服、唱着楚剧的台柱子。其实，早在妈妈带着我离开小县城之后，她就辞掉了这个在当地颇有风光的工作。我总以为，妈妈很厉害，总能如此容易地找到一份工作，丝毫不知其中不断辞职，又重新开始的辛酸。

刚到新的小学，我难以适应，成绩在中游浮动。这样下去，定是考不上重点中学的，我渐渐失去信心。

一次放学回家，我偶然在书桌上，看到一个信封。打开来看，是妈妈写给我的。尽管我每天都和妈妈住在一块，但她仍然喜欢用书信这一古老的形式来表达。信中，妈妈写道：我固然爱你，我的女儿，但我更爱你的聪明诚实；你是我心中的宝贝，但我更希望你能成为众人眼中的骄子。学习如逆水行舟，不进则退；时光如白驹过隙，一去不返。加油！

她的字很美，遒劲有力，行云流水。

更重要的是，她的字很有力量。每个字，直直打在我的心上，仿佛头上悬着一座金钟，无时无刻，警示着我。

有时候，往往有力量的，并非那教室走廊上的至理名言，而是她一横一撇写下的书信。每一句话，真实而有力，我不得不被折服。

第二年小学毕业，在放榜的那天，妈妈一大早跑到学校。红榜上赫然写着我的名字，我考入了当地最好的中学。

◎ 让妈妈自责的偏瘫

学校运动会上，我参加了 50 米短跑。跑到一半时，左脚忽然一软，我猛地摔倒在地，动弹不得，被同学赶紧送到医院。到医院时，我的左脚已经完全失去知觉，任凭别人怎么敲打，不痛不痒。医生诊断，这是神经性偏瘫。

什么原因造成的？不知。以后还能走路吗？不知。看起来，就像造物弄人。

妈妈在旁，听完医生的诊断后，拼了命地哭，一直求着医生："救救我女儿，能不能把我的腿给我女儿？"她使劲回忆，究竟是什么造成我神经性偏瘫，并陷入深深的自责中。

她想，是不是因为小时候让我去学跳舞，把脚跳坏了？曾经作为演员的妈妈，有着一副非常精致的身材。她总认为，女孩子就应该保持好身材。于是，她为我报了舞蹈班，让我学习舞蹈。练舞蹈，是一件体力活儿。每天压腿、后空翻、劈叉，直到你的双腿已经没有知觉。

妈妈以为，正是她让我学舞蹈，才导致左腿偏瘫。于是，她自责。

她再想，是不是因为我们租住的房间过于潮湿，夏天太热，在我写作业的时候，电风扇只朝我的左腿吹，导致左腿被电风扇吹成这样？在那个不足30平方米的房间里，夏日闷热，冬日冰寒。夏天一到，风扇要开上一天，才能让热气稍微平息。每天回家写作业，妈妈会在我的身旁放置一台小风扇。靠着那马力不足的小风扇，我才能心平气和地完成作业。

她自责，是不是就是因为那一台只会往左腿吹的风扇，才导致我的左腿出现偏瘫。

她后悔不已，不停地怪自己。

她不允许我的左腿就这样瘫痪了。她把我挪到走廊，我一手扶着墙，一手扶着她，一步一步尝试走路。摔了，让我爬起来，再走。走完，她用冷热交替的方法刺激左腿，为我按摩，防止左腿肌肉萎缩。

医生没有告诉她，我今后还能不能走路，什么时候会好起来。她一心想着，决不能让我的一条腿，就此瘫痪。

左腿偏瘫之后，我一半时间在学校，一半时间在医院。妈妈叫来姥爷，每天骑着自行车送我去学校，上完两堂课，马上送去医院，接受针灸治疗。

为了能让医生对我好一些，妈妈买来针灸用的银针，送给医生。她希望医生能对她的女儿好一些，细心一些。

我的左腿慢慢恢复，可以拄着拐杖走路了。我尝试用尽蛮力，撑着拐杖。

步子难迈，但迈出了，也就容易了。一开始，走上两三米，气喘吁吁。慢慢地，拄着拐杖，双腿能独立迈开，轻轻一步一步地跨出。

半年后，我的左腿竟然慢慢恢复，虽然肌肉仍有部分萎缩，但能像一个正常人一样走路了。常人看不出来，我的左腿，曾经差一点就瘫痪了。

左腿好了，妈妈仍在自责、懊恼。长大之后，每次无意间谈起此事，她都会不禁怪起自己来：当初就不应该把你送去学舞蹈，当初就不应该一直用风扇对着你的左腿吹。她从来没想过，如果不是她每天逼着我走路，为我按摩，我的左腿能好得起来吗？

◎ 我的土豪妈

我是在妈妈的歌声中长大的。儿时，入眠前，妈妈要给我唱摇篮曲。"竹子开花喂，咪咪躺在妈妈的怀里数星星，星星啊星星多美丽，明天的早餐在哪里。"这是妈妈常常给我唱的一首歌，《熊猫咪咪》。这首歌，陪伴了我的整个童年。

坐着大巴，去省城。在遥远的路途上，妈妈的歌声，解了不少困乏。搂住我，邓丽君的歌经她一唱，随风飘向远处的天光山色。

爸爸离开之后，妈妈常常会唱起那首印度尼西亚民歌《宝贝》："宝贝，你爸爸正在过着动荡的生活，他参加游击队打击敌人，我的宝贝。他参加游击队打击敌人，我的宝贝。宝贝，别难过别伤心啊，亲爱的宝贝，妈妈和你一起等待着他的消息。"

我们家放着一台脚踏风琴，妈妈会用它来为我弹奏歌曲。或许是耳濡目染，我在3岁那年，就知道在两个黑键前面，是"哆"。这是我第一次感受到，一排排的黑白键，竟能弹奏出各种美妙的歌曲。于是我常常在邻居面前，表演那几首不太熟练的小曲目。

妈妈离开剧团后，这台脚踏风琴也随之没有了。从此，我再也没见过脚踏风琴。后来，我知道，这世上还有一种跟脚踏风琴很相像的琴，叫钢琴。身边

不少同学，是学钢琴的。我急匆匆地跑回家，告诉妈妈：我很想学钢琴。

14岁那年，我们家搬来了一台珠江牌钢琴，二手的。我是在放学回家时发现它的，妈妈缝了一个红色灯丝绒的罩子，罩着它，我高兴得乱蹦乱跳。想碰它，却又不舍得碰它。我并不知道它要多少钱，当时，一台全新的珠江牌钢琴，至少要8000元。

妈妈在为我买东西上，从不吝啬。班上，我拥有第一部单放机。妈妈给我买来滚石的磁带，10块5毛一盘。林忆莲的《伤痕》、辛晓琪的《味道》，年少懵懂时，我遇到了这些歌。那时，我连爱情是什么都还不知道。"夜已深，还有什么人，让你这样醒着数伤痕，为何临睡前会想要留一盏灯？你若不肯说，我就不问。只是你现在不得不承认，爱情有时候是一种沉沦。"这些专辑里的每一首歌，我都会唱。莫名地，唱着唱着，落泪了。我对爱情，憧憬着，盼望着。

◎要让我的女儿长命百岁

我结婚了。妈妈独自养育了二十多年的女儿，终于嫁了。

二十多年来，她独自牵着我的小手，小心翼翼，不曾放手。二十多年后，她学着放手，让那个曾经去哪都要牵着她衣角的女儿，从此牵着一个男人的手，开始另一段生活。

在那段生活里，她不再时时刻刻都紧紧牵着女儿的手，她不用再为女儿买新潮的铅笔盒，缝制世界上独一无二的娃娃衣服。

她知道，她仍然是最爱女儿的人，但她学着接受，将有另一个人爱着她的女儿。

结婚前夕，她写了两封信。

一封信，写给我爸。信中写道：我们曾深深真诚相爱过，并且拥有了一个最好的女儿。无论你自认为你有多爱我们的女儿，都希望你在这一刻能给女儿更完整的祝福。无论如何，你都要请所有的亲戚朋友到场，给我们的女儿撑足面子，让她完整地去迎接她新的人生。

另一封信，写给那个男人：这是我的宝贝女儿，我一直都紧紧拉着她的小手，以后把她的手交给你了。我对你唯一的要求就是希望你能够不要让她摔着了，不要让她难过，不要让她受伤；我希望你，让我的女儿长命百岁。

◎我成了单亲妈妈

我牵着峻叔的手，告诉她，我要成为单亲妈妈了。我的单亲妈妈，并没有表现出多少惊讶和失落。她问我为什么，我说，我们不再相爱了。

多年前，她也曾如此回答我。

她说，只是希望我幸福。我告诉她，我即便成为一个单亲妈妈，我也会让自己幸福。她理解，并叮嘱：单亲妈妈没那么容易，会遇到很多麻烦和不易，你要做好一切心理准备。如果这一切心理准备都做好了，那么，我陪你

走下去。

　　我忽然想起小时候，我看完《海的女儿》后哭了很久，心想人鱼公主为什么要变成泡沫呢？为什么这个男人要抛下她呢？我不理解。妈妈仔细听完我的话，跟我分享她对"爱"的理解。渐渐地，我有什么心事，对她不隐瞒。找什么男朋友、怎么看待婚姻，与她没有一丝一毫隐瞒地分享。

　　她是我妈妈，也是我的知己。

癌症病房里最美的女病人

妈妈问我，你看，那棵树怎么变成黄色了？

我看那树明明仍是绿色。

她再问，怎么我看到的东西变得扭曲了？

我想，她大概眼睛出问题了吧。

于是妈妈说要回一趟老家，做一次系统的身体检查。我们估计，不会有什么大问题。

回去第二天，我接到小姨打来的电话。她说，妈妈有疑似癌细胞。最终确诊，需要做穿刺。这一切，妈妈还不知道。

我几乎要瘫倒在地。我不知道，该怎么告诉我的妈妈。

我终于还是给妈妈打了电话。我说，医生说了只是疑似癌细胞，也有可能没有癌细胞。如果要确诊，则需要做穿刺活检。

她不愿意一根刺针插入她身体，取出一块组织。她更不愿意相信，自己会患癌症。电话里头，她跟我商量，要不要做穿刺活检。言语之间，我感觉到，她并不想做。

2010 年 1 月 19 日深夜，我给她发了一条短信：妈妈，还是做穿刺活检吧，这是目前最有效的方法了。穿刺最可能引起的并发症是气胸，可是概率非常小的，我相信妈妈是一定不会的。我在网上看到很多人的误诊和你的情况一样，先刷片发现疑似癌细胞后进行穿刺活检，最后确诊为中重度炎症。希望妈妈能够勇敢面对穿刺活检，妈妈你想想我也想想峻叔，我们在远方为你祝福，我们相信妈妈很快会好起来。

在我的建议下，妈妈还是去做了穿刺活检。

几天后，又一个电话，小姨打来的。她说，活检结果出来了，结果显示是肺部乳头状腺癌，晚期，并已转移到眼睛。医生建议，病人家属立即回去做决定。

我匆忙赶回湖北，峻叔在后面跟着，坐了10多个小时的卧铺车。妈妈见到我们来了非常开心，精神很好，她还不知道穿刺结果。

我和妈妈在医院外面吃了一顿饭。那顿饭，妈妈吃得很沉默，一直不敢跟我对视。她还不知道结果，但她似乎已经猜到了结果。

回到家里，妈妈也不说话，默默地流泪。我说：妈妈，结果已经出来了，但这个结果还有得救，可以动手术，可以吃药。我把我所有关于癌症的知识，一股脑儿地告诉妈妈，希望她放心。她默不作声，流着泪。我从来没看到她像此刻这样脆弱。

瞒着妈妈，我单独去见了医生。一见面，站在我面前的这个穿着白大褂的医生，就直截了当地告诉我：你妈妈患的是癌症晚期。你治还是不治？治的话，9到12个月；不治，3到6个月。

我第一次知道，原来一个人的生命，竟然可以用一句话就打发了，不管这个人她是我一生中最爱的人，也不管这个人已经深深地爱了我28年。

紧接着，另一个消息接踵而来。医生说，如果治，那么首先要放弃的是妈妈的眼睛，必须要摘除眼球。

我已经听不下去了。

"医生，你确定她的眼球是肺癌转移？要不要重诊？有没有更权威的检查？"

"要不然你就转去武汉，做一个PET检查。"

我决定带着妈妈去武汉。在武汉同济医学院，我们做了PET检查。等待检查结果是个让人煎熬的过程，结果是好是坏，全然不知。在等待的间隙，妈妈说她想出去走走，见一下以前的同学。

武汉对她来说再熟悉不过了，这是她出生成长的地方。1958 年，妈妈就出生在武汉武昌。长江大桥底下的桥墩，是她儿时的"天然游乐场"。长达十多米的斜坡，妈妈坐在最上面，同伴喊口号：一、二、三，他们齐齐往下滑，滑到底部，再爬，再滑。这成为她童年最大的乐趣。

自从妈妈跟着我来到广东之后，就很少回武汉。大武汉，成了她离别已久但怀念尤深的故乡。这次回武汉，她多少有些兴致，终于与多年未见的故友相逢。她的精神很好，健谈得很。故友们并不知晓，她们的老同学，我的妈妈，刚刚被诊断为癌症晚期。

第二天，我拿到了检查结果。拿着检查结果单子，直接跪倒在地。感谢上苍，这一次的检查结果显示，全身没有显著转移的征象，排除了眼球转移的可能。这至少说明，妈妈暂时不用摘掉眼球。

从这天起，妈妈开始了漫长的抗癌过程。

妈妈患的是肺腺癌 3B 期，医生给了我多种化放疗方案。由于妈妈身体原因，只能选择一种名为 NP 的化疗方案。这个方案最大的副作用就是：掉头发。

决定做化疗的当天，我带着妈妈去了理发店。妈妈的头发很长，留了很多年，她总跟我说：女孩子就应该留长发，这样才好看。

那天她很听话，不闹着说不剪，坐在椅子上，等待理发师的到来。一刀剪下去，妈妈低着头，眼眶有些湿润，哭了。我喋喋不休地跟理发师说，一定要剪好看一点，务必要小心。理发师有些不耐烦了，说：那你们考虑好了，我再帮你剪吧。妈妈坐在那儿，眼泪流得更厉害了。

我忍着，把理发师叫到一旁。"这个人是我的妈妈，刚刚被确诊为癌症，这可能是她人生中最后的一次留长发，所以你不要怪我啰唆，希望你能够为她剪最漂亮的发型。"

妈妈一边剪发一边流泪，我躲在洗手间，眼泪忍不住直往下流。原来，有些东西，即使你再珍惜，它也会有最后一次。

妈妈住进了肿瘤病房。

那是一个毫无生机的地方。每个躺在病床上、坐在轮椅上、走在长廊上的病人，眼里尽是空洞，你不知道他在望向何方，想些什么。他们没有头发，身体发胖臃肿，看上去有两百多斤，那是化放疗的副作用。

某个深夜，你会听到一阵哭声，响彻整栋病房，与此同时一个癌症病人又被盖上白布，装进黄色的袋子，运出病房。病房的窗户是不能打开的，护士说，这里曾经有人从窗户跳下去，一命呜呼。于是医院就把窗户钉了起来，只能打开一半。

妈妈的到来，让这个癌症病房多了一个病人，一个不太一样的病人。

妈妈不穿病号服，穿的是一件开胸的全棉小睡衣。在住院前她跟我说，穿病号服显得自己没有精神，我们就奢侈一回，买一件最漂亮的开胸的全棉小睡衣，好不好？我说好。在商场，我们买了一件 400 多块钱的小睡衣，妈妈很喜欢，穿着它住进了病房。

每次化疗之后，妈妈要去另一栋楼放疗。出病房前，她一定要化点淡妆，给自己涂上润唇膏，穿上有点跟的鞋子，再穿上那件小睡衣，举着个药瓶走出病房，身子挺得笔直。病房里见到护士，她脸上永远都会挂着微笑。医生见了她都很开心。他们说，妈妈是全肿瘤病房最美丽的女病人。

妈妈问医生，在化放疗之后，能不能出去做发型？医生说，不能。于是妈妈买来几个小夹子，夹在头发上，把那原本稀疏的头发点缀得多了些生机。

肿瘤病房里总是散发着难以言说的异味。躺在病床上的肿瘤病人，翻不了身，后背大片大片地溃烂，该有多天没有擦过身子。而妈妈的后背则没有溃烂，我们会给她洗头发，擦身子。

知道妈妈病了，她的老同学、故友都赶了过来。见了妈妈，直哭个不停，埋怨生命多么不公平，说妈妈怎么能遭受这等苦痛。唯独坐在病床上的妈妈，一直安慰着这些故友，让他们不要伤心，自己会好起来。偶尔觉得医院的饭菜不好，我和妈妈溜出医院，在外头吃一餐丰盛些的饭菜，换个新口味以满足胃口，怕自己感冒，她还专门戴了个漂亮的围巾出门。

患癌之后，从来不运动的妈妈，开始锻炼身体，每天对着墙做爬墙动作，她说这样能避免肩周炎。状态稍有好转，她便拉着我的手，在病房里走来走

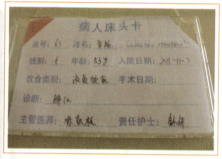

去，爬楼梯，在楼下散步。

我在博客上写了她患癌的事，朋友都来留言安慰、祝福，妈妈知道后让我打开电脑把一条条留言翻给她看。朋友给她寄来明信片，她仍然会提笔回信，尽管她的眼睛还没完全恢复。

显然，她并没有把自己当成一个癌症病人。但她仍然遭受癌症病人该遭受的痛苦。

因为化疗，妈妈体内的白细胞下降得厉害，为了加快骨髓造血细胞生产白细胞，医生在她身上打了升白针。打完升白针的那晚，妈妈彻夜难眠，躺在床上辗转呻吟。她说，这种感觉好像有万只虫子在你身上爬，而你却毫无办法。

8个月的时间，妈妈经历了6次化疗，78次放疗。掉头发、发胖、免疫力下降，这些化放疗该有的副作用，在她身上一一显现。

但她仍会说，女人一定要对自己好一点，要活得精彩美丽，如果我连这个都做不到，那活着还有什么意义呢？

在抗癌近两年后，妈妈因脑转移，与世长辞。去世那一瞬间，妈妈流下最后一滴眼泪，嘴角微翘，笑着。

妈妈的抗癌日记

2010年1月23日，妈妈被确诊为癌症晚期，并已转移眼睛。

2010年1月27日，妈妈转到武汉检查，发现属肺腺癌，但并非已转移眼部。

2010年1月30日，为妈妈选择化疗方案——TP方案，当天，陪妈妈剪了短发。

2010年2月1日，由于妈妈心脏不太好，化疗方案改为NP方案。

2010年2月2日，妈妈第一次化疗，要打15瓶液体。

2011年11月初，妈妈肺癌发生脑转移，被送往医院治疗。

2011年11月29日，妈妈去世，享年53岁。

勇士妈妈和超级女儿

监护仪上面的曲线有规律地滑动着，此刻血压正常，呼吸正常，脉搏正常，血氧正常。只是她不可能再和我说一句话，我很想摇醒她，告诉她我有多么爱她。

我帮她整理好输氧管，记录好尿液，轻轻地把她翻了个身，摸了摸她的手和脚，再静静地看着她，开始回忆十天前……

那是我第一次帮妈妈洗头洗澡。妈妈的身材很高挑，药物的副作用让她皮肤有些发黑，长期病痛的折磨，让她的身体异常消瘦。我很小心很仔细地擦洗着她身体的每一个部位，当时我并不知道，这不仅仅是第一次，也是最后一次。

那段日子，我每天都会帮妈妈梳头，帮她挠痒，这是我唯一能为她做的事。

病来如山倒。一天，妈妈突然不肯吃任何东西。我发了一场很大的脾气，我对她说："你怎么可以不吃东西，再不想吃也得吃啊。不吃，哪有力气抵抗病魔，不吃，会饿死的。"一向强势的妈妈当时没说话，只是看着我，可怜地看着我。

我后悔了，后悔发这场脾气，后悔我到现在才明白，妈妈不吃东西，不是因为放弃，而是因为肺癌脑转移，让她连水都喝不进去，她已经很难再有饥饿的感觉了。

完全禁食后，一两天的光景，妈妈的身体状况急速下降。

那日妈妈醒来后，突然问我："你为什么还没有去邮局？"我愣住了，她接着问我："我们来山上做什么呢？这里山清水秀的，风景真好！让宝宝回家，让他看见在这儿挖，不太好。"我顿时明白，妈妈开始出现幻觉了。

我害怕了。

她对着空气讲话，跟我已过世的爷爷讲话，跟那些我并不知晓的亲戚说话，问我为什么她的床上可以睡得下八个人……

我突然明白，我可能会失去妈妈。

朋友和长辈建议我立即送妈妈去医院。在与医生的谈话中，我绝望地接受，妈妈已经不可能再有任何的治疗方案了。治疗，最多也不可能维持到年底，我现在唯一能为她做的努力，仅仅只是选择哪套镇痛方案，让她能安静地走完最后一程。

这是我第一次，也是唯一的一次，为她做决定。

做完常规检查后，我才知道，妈妈出现幻觉，不仅仅是因为她脑里的那些肿瘤。更严重的，是她身体内最大的一个肿瘤已经开始出血，并且有脑积水的症状。刚住院的两天，她除了神志不清之外，最让我心疼的，是整夜整夜的叫喊。

我问妈妈，是不是很疼痛。她没回答，只是像垂死挣扎一般，用尽全身力气把脚伸得很直很直。各种镇静类、镇痛类的针药打在她身上，也丝毫无法减轻她整夜痛苦的叫喊。伴随叫喊声的，还有小便失禁。我很绝望，很无力，我觉得自己的心，就要碎了。

在选择镇痛方案中，我选择了一种叫作"芬太尼"的贴剂，那种贴剂的镇痛效果等于吗啡的 80 倍，她不会再有痛苦，医生同时也告诉我，这种药物有很大的风险，有可能诱发呼吸衰竭，有可能会在一分钟之内失去她。

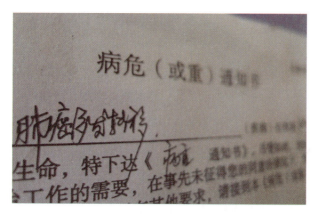

我没有其他的办法，我现在最想要的，就是希望她不要再有任何痛苦。妈妈，请原谅我，在选择痛苦地多活几日和安静地离开之间，我只能选择让你安静离开，我害怕你受到那般折磨。

脑肿瘤发展的速度快得惊人，2011 年 11 月 13 日，妈妈开始深度昏睡。医院给我下达了病危通知书，告知我，我随时都可能失去她。幸好"芬太尼"没有在危险的七十二小时内发生任何突发状况，她只是静静地沉睡着。

我新买了一条项链，链坠可以打开放进一些骨灰。我想，假如妈妈真的离开了我，我也可以永远带她在身边，让她和我一同去分享我未来的幸福。

这些天来，我的领导、同事、朋友都来看望我和妈妈，为我们送来祝福，妈妈的好朋友黄叔叔和杨阿姨也在知悉后从广州赶了过来看望她。妈妈看不到他们，也听不见祝福，所有的心意，我都在夜里，悄悄地说给妈妈听，让她知道，很多人都爱她。

我呼唤着妈妈，希望她能醒过来。我催眠着自己，妈妈这一辈子，一个人拉扯我长大，受了很多苦，她现在，只是朝着更为幸福和安稳的地方走去。我一遍一遍地告诉自己，好让自己不会在病房里，在妈妈和亲人面前，失控地哭泣。

无论她还有多少天，多少个小时，多少分钟，我都得让她知道，我是坚强的，更是幸福的。不会被悲伤和痛苦击倒，要更为精彩地活下去，让儿子健康幸福地长大，这才是勇士妈妈的超级女儿。

我告诉妈妈，这一辈子我最幸运最骄傲的，就是做了她的女儿。下一辈子，她一定要做我的女儿，让我好好地照顾她，像她待我那样，给她很多很多的爱，让她成为最幸福的女孩。

我很遗憾，我没有在她还有感受的时候，好好地亲亲她，耐烦地陪她逛街，帮她按摩，陪她打一次麻将，带她去看大海，帮她洗一次脚，陪她谈整夜的心，亲口告诉她我爱她，让她看到我的幸福婚姻，给她写一封信并寄给她，生日的时候陪她吹蜡烛唱歌给她听，把她说的话录下来……原来遗憾就是，我清楚地知道，再也没有机会了，无论有多想。

我不知道还有多少分钟，可以照顾她，感受到她。但我知道爱是永恒的。无论富贵与贫穷，疾病与健康，无论从此天各一方，我们的心都会彼此紧靠，妈妈的爱永远都会庇护着我，我将延续她的生命，拉着儿子的小小手，勇敢地走下去。

晚安，亲爱的妈妈，亲爱的狼！

2011 年 11 月 17 日凌晨 2 点，记于康华医院

趁活着，我们告别

妈妈昏迷 20 多天了，除了仪器上那波折的曲线，没有其他迹象可以表明躺在病床上的妈妈还活着。

20 多天来，我不知道我是怎么度过的，心里总默想着：幸好躺在床上的是妈妈，不是我。如果是我，妈妈肯定活不下去了。

这是唯一能让我心里好受一点的办法。

在亲人朋友面前，我一言不发，出奇地冷静，每天为她洗脸，给她擦身。我总以为，在这个时候，我不能倒下，我不能哭。

直到敲开心理医生的大门，在那个陌生的心理医生面前，我放肆地痛哭，跟发了疯似的。我想，对面那个陌生的心理医生，他不需要看到一个强装坚强的人，只需要看到那个真实的我。

"妈妈连最后一句遗言都没有留给我""你有没有什么办法，能让我把妈妈换回来"，我语无伦次地跟心理医生说，不管他能不能理解，坐在他面前的这个发了疯的女人，几乎要崩溃了。

他很安静地听我说，就像一个值得被信任的人，这么听着一个女人向他哭诉。

"对你来说，如今你最大的心结是什么？"

"我妈妈连最后一句话都没有留下给我，哪怕是一句'我爱你'，都没有。"

我仍然记得那天早上，一早起来，妈妈忽然问我：你为什么没有去邮局？我们来山上做什么呢？

那时，我已经意识到不对劲了。当天，我立马把妈妈送到医院去。医生告诉我，妈妈的肺癌已经发生脑转移了。躺在病床上的妈妈，全然不认识站在她面前的女儿，这可是她一手带大的女儿，这可是她的掌上明珠。

妈妈歇斯底里地吼叫，为了防止她做出过激的行为，医院将她的双手双脚都绑在病床上。这与囚徒没有什么两样。她不停地想要挣脱，想要起身。我从来都不敢想象，我的妈妈会变成这样，她爱美了一辈子，怎能在最后关头，是这般模样。

几天过后，她渐渐沉默了，再后来，她渐渐失去了意识，再也没有醒过来。她安详地睡着，没有给我留下一句话。我没有办法告诉她，我现在已经很能干了，再也不是当年那个不懂事的女孩，再也不是那个什么事情都需要妈妈帮忙的女儿了。但是，我的妈妈，已经不知道了。

我唯一能感受到她的存在，是病床边上的仪器。它告诉我，妈妈还尚有最后一丝气息。

我第二次敲开了心理医生的大门。心理医生告诉我："如果你还有很多话想要跟妈妈说，你可以给你的妈妈办一场活体告别仪式。通过这场仪式，我可以帮助你，让你妈妈听到你所有想要对她说的话。"

听上去，这像是一个大人对一个小孩说的，美丽的谎言。

这是我第一次听到活体告别仪式。

我疯狂地上网查找，以期找到活体告别仪式的蛛丝马迹。但我发现，关于活体告别的资料寥寥无几，甚至没有一个权威的解释。心理医生说，这里从未举行过活体告别仪式。

它，真的能让妈妈听到我想说的每一句话吗？它能让妈妈听到我对她说的那句"我爱你"？

我宁愿相信，我的妈妈能听到所有我想要对她说的话，我宁愿相信，它是真的。

医生说：这不仅仅是在死者去世前，表达怀念的一种方式，也是对生者的救赎。

我听从了他的建议。这个我闻所未闻的活体告别仪式，是我最后一次对妈妈表达爱的机会，尽管她并未留下一句遗言。我仍然要告诉她，我很爱她，所有的亲人好友都爱她。

这是我最后一次，当着妈妈的面，告诉她：我爱她，我永远爱她。

这天，我买来康乃馨，布置在病房内，邓丽君的歌一首一首地播放着。妈妈生平喜欢邓丽君，长得也颇有几分相似，圆脸蛋儿、大眼睛。《小城故事》《何日君再来》……歌声渐起时，病床对面的墙上，妈妈这一生为数不多的照片，一张一张地投放，就像一场电影似的，把她这一生过了一遍。

在她的枕头边，我放了一个录音笔。在我心里，依然还存有一丝丝的侥幸和期望，万一，她真的醒过来，万一，她忽然要跟我说话呢。我不想再错过。

此时此刻，妈妈躺在病床上，仍然没有一丝动静，旁边的仪器，缓慢发出"滴——滴——滴"的声音，仪器上的曲线仍是波折的，告诉我妈妈还有最后一丝虚弱的气息。

心理医生站在妈妈身旁，告诉她：这是你女儿为你准备的仪式，我会在这里一直陪着你们。亲人好友，围了过来，我站在离妈妈最近的地方，拨通了手机。第一个电话，我打给了姥姥姥爷。

这是一对岁数加起来超过 150 岁的老人。他们生了妈妈，养了妈妈，却没能见妈妈最后一面。电话那头，姥爷泣不成声，姥姥捧着电话，跟妈妈说："艳艳你放心，小艳艳我们也会看着。"

姥姥总喜欢叫我"小艳艳"，说我就是小时候的"艳艳"。其实我知道，我远远比不上我的妈妈。

作为家中老大，小时候，妈妈便帮忙照顾俩弟弟。长大后，照顾姥姥姥爷。姥姥每件衣服，都是妈妈买的。只有妈妈知道，姥姥穿多少码的衣服。只有妈妈，会做姥姥喜欢吃的饺子。

自从姥姥跟随姥爷几经辗转，来到南方这座小县城之后，就很难再吃到北方的饺子。和面、包馅儿，为了让姥姥吃到饺子，妈妈学着做了一手好饺子。

后来，妈妈跟着我来到广东生活。快要过年，我说路途遥远，峻叔还小，要不今年就在广东过年。妈妈不肯，执意要回家。她说，她要回家给姥姥做饺子。我不解，为什么不可以峻叔大一点再回去。无论我怎么劝说，她也不听，说："你知道吗，我现在每见姥姥一次，就少一次。"那年，姥姥乳腺癌转移淋巴癌。

妈妈病了，姥姥姥爷是家里最后一个知道的。做完化疗后，妈妈回家。姥姥握着妈妈的手，摸了摸。在妈妈的手腕，埋着一条管子。这条管子从手腕插入，直到肺部。摸着这条管子，姥姥没再问什么，只说：以后你要是想玩些什么，就尽管玩。姥姥对这条管再熟悉不过。曾经的她，因为乳腺癌切除乳房。几年之后，乳腺癌转移到淋巴，直至今天，她仍然与癌症共处。

妈妈曾说，她不能死。因为她要照顾姥姥姥爷，要给姥姥做饺子。若是没有妈妈，没人会做姥姥喜欢的饺子，没人会给姥姥姥爷挑合适的衣服。

她永远不会知道，半年前的那次离别，竟成了永别。

经过多次化放疗，妈妈的癌胚抗原指数已经下降到正常值。我们都以为，她已经好了。姥姥说，你回广东吧，去小艳艳那儿。妈妈不肯，她希望留在二老身旁。两人各自僵持着，但最终妈妈还是听了姥姥的话。

然而，姥姥怎么也没想过，就在妈妈来到我身边半年之后，毫无征兆地，妈妈的癌症发生了脑转移。妈妈挥手告别姥姥姥爷的那次回眸，竟是他们和妈妈的最后一面。

此时此刻，我听到电话那头，姥爷号啕恸哭。那是我从来没听过的哭声，也是我从此之后再也没听到过的哭声。

姥姥依然捧着电话，用颤抖的声音，仍在坚持："我们的身体都很好，艳艳你要放心。"

电话放下之际，姥姥却突然说出一句：艳艳，我们很快就来找你了。

全场寂静，寂静得只剩泪水在流。

我的大舅，妈妈的大弟弟，走在妈妈跟前，他说："姐姐，我会担起长子的重任，照顾好爸爸妈妈的。"

这时，妈妈突然一动，头微微颤抖，"啊、嗯"地呻吟。

妈妈竟然还能呻吟？我疯狂地希望她能睁开双眼，看看这周遭的一切，告诉我，她仍然安好。

心理医生在一旁示意，希望大舅再说多些。我把心理医生和主治医生拉到一旁，"妈妈是不是还能有感觉？"

主治医生说："她是没有意识的。"

心理医生却说："她是有意识的，这个时候她是知道的，你要跟她多说些话。"

我多么希望，妈妈能醒过来。

峻叔站在我身旁，很乖。他或许还不知道，他的外婆再也不会醒来。"外婆，我会照顾好妈妈，会一直爱妈妈，会一直想念外婆的。"

他的外婆，是这个世界上比我还要爱峻叔的人。妈妈对峻叔的爱，近乎盲目。

无数个深夜，妈妈起身为峻叔喂奶、换衣。在我尚在年少无知时，妈妈一人，担起了养育峻叔的重担。

但凡有人要抱峻叔，妈妈会以最快速度从包里拿出一块手绢，垫在那人的手上。总有一种全世界人的手都是脏的，唯独峻叔最干净的意思。

三年的时间里，她没有一天不在峻叔身旁。然而，这一次，从来没离开过外婆的峻叔，紧紧拉着外婆的手，痴痴地想，外婆还会回来的，还会给他讲故事，为他穿衣系鞋。

我是最后一个跟妈妈作告别的。我站在病床边，拉着妈妈的双手，妈妈的手黑瘦得只剩一张皮。我从没见过这么瘦的手，没有一点肉。双眼依旧紧闭，时而半睁。我曾侥幸地以为，妈妈会醒过来，但我知道她不会再醒过来了。

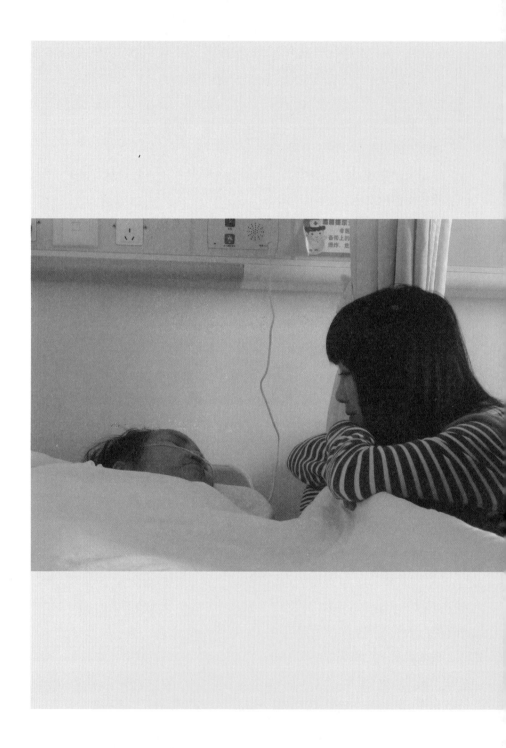

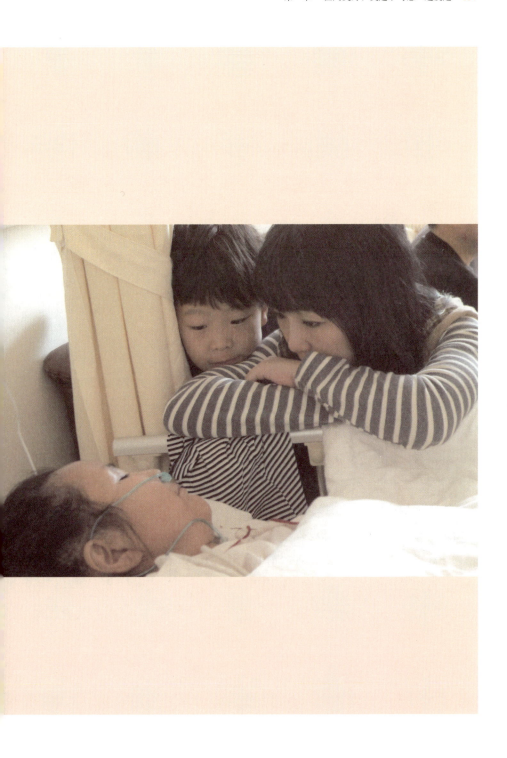

　　"很感谢妈妈把我生下来，你给我的生命我一定不会浪费。以后的每一天，都会有你在。"我拿出一条项链，项链中间有一个小瓶子。"妈妈，到时候我会把你的骨灰放到这个小项链里，未来无论我经历什么，你都会看着我。我感到幸福，也是妈妈感到幸福；有人为我喝彩，也是为妈妈喝彩。"

　　"妈妈，我一定会照顾好姥姥姥爷，让他们度过非常幸福的晚年。我会爱舅舅，像你当时爱弟弟一样去爱舅舅。最后，我会爱我自己，我一定会把自己照顾好。"

　　这是我对妈妈说的话，也是最后的告别。

　　我掀开妈妈的床单，轻轻抚摸妈妈生我时留下的疤痕，竖着的，亲了亲："妈妈，谢谢你生下了我！"

　　三天后，妈妈去世。这场告别，成为她这辈子，我最后一次跟她说的"我爱你"！

　　生老病死，这是每个人都无法逃脱的人生规律。但让我们感觉到害怕的，并不是那逃脱不掉的铁规，而是那猝不及防的离别。前一刻我们都还好好的，一起逛街，有说有笑。但下一刻，却是生离死别。

　　我和妈妈，何尝不是如此。

　　前不久，妈妈还跟我说，她很喜欢商场里的一双高跟鞋。我说：好，下次给你买。谁知这"下次"，竟成了永远的遗憾。

　　人生就是这样，总在我们不经意间，给我们留下莫大的遗憾。我遗憾没有给她买那双高跟鞋，遗憾没有好好陪她多一些，遗憾没有说"我爱你"。

　　一场活体告别仪式，并不能唤醒我最爱的妈妈。但多少弥补了我心中的遗憾。这句"我爱你"，终于对妈妈说了。

一切美好，莫过于与您一起度过

每个人的一生中，总会面临生老病死。这个世界上最痛苦的事，莫过于至爱亲人的离开。当那个曾经养育你，曾经给你带来快乐，带来幸福的人，再也无法与你共同度过今后的每一个日子时，你悲痛，你愤怒，你怨恨。于是，你变得颓废不已，你觉得生无可恋。

但我想，把你带到这个世界上，给你幸福的那个人，他的心愿一定是，希望你能活得比他更好。要知道，你是他生命的延续，今后你的一切美好，都与他一同度过。

妈妈去世后第七天，我才哭起来，没日没夜地号啕大哭。

2011 年 11 月 29 日下午 6 时，病房里传来一阵一阵的呼吸声，那是妈妈生命中的最后时刻。

我打通了姥姥的电话，把手机放在病床上。听着急促的呼吸声，姥姥拼命地在呼唤，我不停地重复着说："妈妈，我爱你。"我想要抓住这最后时刻，让妈妈听到我对她的爱。

下午 6 时 32 分，在一阵一阵急促的呼吸声过后，仪器上所有的曲线，变成直线。陪伴我 29 年的母亲，流下最后一滴眼泪，永远地离开了我。

老人家说，你不能把眼泪流在妈妈身上，不然她也会把你带走。

那一刻，我还是把眼泪滴在妈妈身上，我多么希望，她也能把我带走。

医护人员走过来，把她装进一个铁柜，送去太平间。

短短的十几分钟，原本布满康乃馨，仍然充满生命气息的病房，变得无比冷清。这个我和妈妈度过最后一个月的地方，变得如此陌生，妈妈所有曾在这里生活的痕迹，被收拾得一干二净。

我曾在病床底下放了一双高跟鞋，是妈妈曾经梦寐以求，但是没有机会穿的一双鞋，它曾崭新地被放在病床底下，现在被拿走了；我曾在洗手间放了她的牙刷，早已陷入深度昏迷的她，未曾用过，也被拿走了。

此时此刻的病房，空空荡荡，只剩下紫色的光线，这是病房在消毒，它将以全新的面貌迎接下一个病人。

跟着被装进铁柜的妈妈，去往太平间，路上，峻叔一直拉着我的手，不停跟我说："狼狼还在我们身边，你有没有感觉到，我一直都感觉到。"

太平间就像一个很大的仓库，一座铁门将生与死相隔开来。铁门里，是一排排冰柜，被冰冷冷地放在那儿，纹丝不动。铁门外，是我和峻叔，是无数个悲痛号啕的生者。妈妈被放在中间那层，放在妈妈下面一层的是一个10岁的小男孩，因患白血病刚刚去世。隔着铁门，父母在那呼天喊地地哭，悲痛欲绝。

每天在这，都上演一场又一场的生离死别，还有一场又一场的法事。太平间的门口，总有一些人跑过来问你，要不要做法事？要不要买骨灰盒？我第一次感觉到，原来人活着有生意，人死了更有生意。

天色渐晚，其他人慢慢散去，医护人员把铁门锁上。亲人们劝我离去，明天再来。我说我要在这陪妈妈，我怕她孤单。

她和其他人被放在这个封闭的地方，一切肃穆而寂静，没有白天的哭泣，只有窗外的树叶窸窣作响。

这是我第一次，感觉到她很孤单。

从小到大，不是她陪着我，就是我陪着她。小时候，她陪着我长大，我

去哪儿，她在哪儿。当我离开家在异地读书，她怕我生活不能自理，辞职陪伴我；当我恋爱成家，她为我洗衣做饭；当我孑然一身，她陪着我照顾峻叔。生病后，我又陪着她，陪着她化放疗，陪着她到处求医；给她擦身，为她洗澡。

那一晚，我坐在太平间门口，在离她最近的地方，陪着她。峻叔说，我也要在这。我坚信，妈妈还在旁边。

那是一个漫长的夜晚。

我紧闭双眼，想起了小时候。那时候，妈妈还是一名戏剧演员，团里的台柱子。妈妈在上面表演，我则搬来一个小板凳，坐在下面，学着妈妈的一颦一笑。妈妈下乡演出，我也跟着，趁着妈妈换装的间隙，我还上台，表演了朗诵古诗。

后来，为了我能考上全市最好的中学，妈妈辞职，离开生活了十多年的小县城，来到市区，租住在一个连卫生间都没有的房子里。

再后来，我长大嫁人，妈妈也搬了过来。从峻叔出生的那一刻起，妈妈就与峻叔形影不离。所谓一把屎一把尿地把孩子养大，说的便是我的妈妈。人家甚至一度以为，峻叔是她的儿子。

妈妈这一生，为了我四处奔波。

第二天一早，灵车来了，他们要把妈妈送去殡仪馆。殡仪车上，司机让我们坐在前面，说我们不能跟尸体在一起。

我彻底愤怒了。

从病房到太平间，从太平间到殡仪馆，他们每个人都用"尸体"二字形容妈妈。躺在那的，可是我的妈妈。

我和峻叔执意要坐在妈妈旁边，我要陪着她。

妈妈在殡仪馆，整整待了 48 小时。我疯狂地认为，人身上所有细胞的死亡，是在 48 小时之后。

那 48 小时里，我一半时间在殡仪馆，一半时间在家里。在家中那整整一天，我坐在窗台前，望着外面车来车往，人去人来，不想说话，不吃不喝，时间仿佛一直停止在那一刻，但墙上的时钟，不停地滴答作响，48 小时，就在"滴答"中，过去了。

48 小时之后，我在殡仪馆举办了一场悼念仪式。从我踏进殡仪馆的那刻起，我就很害怕见到妈妈。我仍然记得，妈妈从病房里被抬着出来时，鼻子、耳朵堵得死死的，不然会慢慢地流出浓稠的液体。妈妈这辈子都爱美丽，她怎么能在这最后时刻，如此不堪。

我看到躺在透明棺材里的妈妈，化着淡淡的妆，面色红润安详，就像睡着了一样，依然很美。在她身边，铺满了鲜花。

峻叔写了一张小卡片，他轻轻地抬起他外婆的手，把卡片放进寿衣里。卡片上写着：狼狼，我会照顾好妈妈。

终于，妈妈还是要被推进火炉。当我和峻叔一起把妈妈推进火炉时，峻叔哭得撕心裂肺。那一刻，他才真正意识到，狼狼不在了，永远都不在了。

一场火，将美丽了一辈子的妈妈，化为一盒骨灰。捧着骨灰时，我执意要打开骨灰盒，一摸，还是热的。

我一路捧着骨灰，一路撒米。老人说，要一路撒米，这样，去世的人才能找到回家的路。我盼望着妈妈能找到回家的路。

妈妈的骨灰放在家里的那一刻，我终于有些安心：狼狼，又回到了我身边。每天吃饭，我会多放一副碗筷，每天在骨灰盒前，我要点三炷香。我用这种种举动，让我认为，妈妈还在我身边。

夜里，我不时惊醒。恍惚间我想赶紧起床，认为妈妈还在医院等着我，直到我跑到客厅，闻到满屋的香火味，看到放在冰箱上的骨灰盒，我才停住了脚步。

头七过后，狼狼下葬。

她的骨灰，被安放在墓地里。那一刻我觉得我的妈妈终于找到她最终的归宿了。这里是她的新家，我在墓地上种了青草，两旁种了青松，我想把这里打扮得漂漂亮亮的。我在附近的墓地烧了香，希望他们也能对我的妈妈好一些。

在这之前，我觉得妈妈是孤单无依的，从病房到太平间，从太平间到殡仪馆，从殡仪馆到火炉，她被迫四处"漂泊"。终于，她在这里，得以长眠。

然而从这天起，我却歇斯底里地哭了起来。我希望我的妈妈能回来找我，起码她要给我托梦，告诉我她还在我身边，只不过我只能在梦里看到她了。

头七过后的二七、三七……直到七七，我在家附近，东南西北四个方向，烧香撒米，我迷信地想把她的灵魂招回来。我给妈妈的手机号码打电话、发短信，尽管没有任何回应。

我在家里到处乱找，看看有哪些地方被动过。我试图想找到一丝痕迹，证明妈妈回来过。

我跪在窗边，打开窗户，等着她回来。我想，妈妈那么爱我，她要是知道我现在活不下去了，她一定会回来找我的。就连晚上睡觉，我也要把窗户开着，怕妈妈的魂魄进不了家。

亲人劝我吃饭，劝我喝水，劝我出去走走。我吼道，你们让我吃饭，我还能吃得到妈妈煮的饺子吗？你们能告诉我一个方法，让我去把妈妈换回来吗？

我从悲伤到愤怒。

我愤怒于这个命运的不公，我愤怒于这世间为什么没有鬼魂。

再从愤怒回到极度悲伤。

我认为我用尽了所有的办法，想把妈妈找回来，但是她仍然没有回来，甚至连个梦都没有给我。

此时，我开始明白，没了就是没了，妈妈回不来了，永远都回不来了，纵使你多么爱她，多么想她，她再也不会出现在你眼前，拉着你的手，说：女儿，我更爱你。

峻叔怯生生地走到我身旁，拉着我的手说：妈妈，你吃点东西吧。不然我怎么办呢？我也很想外婆，我很爱狼狼。但是，我也爱妈妈。

我在脑子里不停地想，人来世间这一遭是做什么？妈妈这么辛苦把我养大，没有享到福，这么受尽折磨地走了。那么，她来人世间这一遭来做什么？

如果说，妈妈来世间这一遭是为了我。那么未来，我就是她。她为我付出了一生，我唯一能做下去的，就是代替她更好地活下去，我是她生命的延续。

这成为我活下去的理由。

渐渐地，我发觉我越来越像妈妈，很多她曾经会做的事，现在我也会做。以前我是万事找妈妈，从来不做主。但现在，我开始在家里做主。灯泡坏了，我来换；水龙头坏了，我来修。以前，这些事都是妈妈一手操办。今后，我就是她。

在妈妈的坟头前，我曾很任性地在墓碑上刻了一句话：一切美好，莫过于与您一起度过。我曾以为，我跟妈妈在一起 30 年。这 30 年，是我在这人世间最快乐、最美好的时光。因此，在妈妈逝世后，我要继续告诉妈妈，我这一切美好，都是与她一同度过的。

但当我真正明白，我们来世间这一遭是为了什么的时候，我相信今后我的一生都会是美好的。因为未来的每一天，都有妈妈与我一同度过。

每个人的一生中，总会面临生老病死。这个世界上最痛苦的事，莫过于至爱亲人的离开。当那个曾经养育你，曾经给你带来快乐，带来幸福的人，再也无法与你共同度过今后的每一个日子时，你悲痛，你愤怒，你怨恨。于是，你变得颓废不已，你觉得生无可恋。

但我想，把你带到这个世界上，给你幸福的那个人，他的心愿一定是，希望你能活得比他更好。要知道，你是他生命的延续，今后你的一切美好，都与他一同度过。

但我想，把你带到这个世界上，给你幸福的那个人，他的心愿一定是，希望你能活得比他更好。要知道，你是他生命的延续，今后你的一切美好，都与他一同度过。

第二章
你是我生命永远的主角

不孤单的单亲小孩

我常常问他：你知道你是怎么来的吗？
峻叔摇摇头。

我笑着对他说：你呀，就是我肚子上的一块肉，有一天我觉得太胖了，就把这块肉掉在地上，于是，你就出来了！

他半信半疑地点点头。

我很喜欢一首歌，《女人与小孩》，里头有一句歌词："我不知道这个小孩是不是一个礼物，但是我知道我的生活从此以后不会原地踏步。"我知道，因为有了峻叔我的生活从此不再原地踏步。

2004年，我生下了峻叔。那是我觉得自己还是一个小孩的年纪。这个比我更小的小男孩，不可思议地来到我身边，就像一盏神灯，跟着我一起，去探前方不知有多么险的路，去看那从没领略过的风景。

有一天，我捡到神灯，
你就这样来到我身边！

早送 峻叔
2014·06·20

◎ 我是姐姐，你要让着我

有人问：你们是姐弟吗？

我们总是笑而不语。

看起来，我的妈妈更像是他的妈妈。而我，则多次被人当作他的姐姐。从小到大，峻叔的很多第一次，都是跟我的妈妈一起经历的：第一次洗澡、第一次打针、第一次吃辅食……从他出生那天起，妈妈不再只操心我一人，还得为峻叔操心。

她对峻叔的爱，几乎甚于我。我反而更像峻叔的姐姐一样，跟峻叔一起玩，抢他东西。至今我仍然保留一段视频，拍摄者是我。峻叔一岁多，刚刚学会走路，他不停地在沙发上爬下爬上。忽然，正当他准备要爬上沙发时，一个不小心，重重地摔倒在地。顿时，他"哇"地一声，哭了。就在他哭得凄惨时，我却在旁边，拿着摄像机，笑得嘴合不拢。

听着哭声，我妈赶紧跑了过来，然而她看到这一幕之后，大怒，吼道："你知不知道他是你儿子啊！居然还在旁边笑！"

很多时候，要不是我妈一直提醒我是峻叔的妈妈，我都以为我只是我妈妈的女儿。用我妈的话说：作为妈妈，却没有妈妈的样子。有时候，我和峻叔做错事了，于是乎乖乖地站在妈妈面前，低下头，等待妈妈的责备。

我这种不像妈妈的妈妈作风，有时候倒也成为可任性的资本。他常常拿来说的一个段子，便是我和他抢彩色笔的事。我和他买了一模一样的彩色笔。一天，我发现我的彩色笔不见了。我看到了他手上有彩色笔，我说，你拿了我的彩色笔，还给我。

他说，这个是他的。

我说，不是，这个不是你的，这个是我的。

他仍然说，这个是他的。

我坚持地说，这个就是我的。

说完，我把彩色笔从他的手上夺了过来。彩色笔被夺走后，他只能默默地流泪，不敢作声。这事过了好些天之后，我在沙发底下，才发现，我的彩色笔落在那了。

这样的事情，在我和峻叔身上，数不胜数。

为了表达我很爱他，我说：有一天，有一个妈妈因为太爱她的儿子了，搂着搂着，结果因为搂得太紧，把儿子闷死了。然后，她自己也坐牢了。听得峻叔一脸冷汗。我还扬言，要去他学校拉横幅，上面写着：我家儿子就是你们口中别人家的孩子，我生了峻叔我骄傲。

　　有时候，我禁不住要问他："你真的是我儿子吗？你真的是我亲生的吗？"我看着眼前的峻叔，使尽浑身解数，捏他脸。他一副萌化了我心的表情，回答道：是啊！眼睛睁得无比之大，脸蛋儿恨不得鼓得圆圆的。

　　这是我最喜欢问他的一个问题，几乎每天都要问，就像所有的妈妈一样，深深地为这个儿子而感觉到自豪。

　　或许，当你爱一个人的时候，你会对他产生各种各样莫名其妙的怀疑，这种神奇的感觉，只有在你真正爱一个人的时候，才能深有体会。

　　而我，总是这么任性、幼稚地爱着峻叔。

◎ 不孤单的单亲小孩

　　一直以来，峻叔是一个很隐忍的人。有的时候，这种隐忍，更让人觉得

心疼。3岁，他上幼儿园了。上幼儿园的第一天，他背着一个小书包，紧紧地牵着我的手。我们的步伐停在了幼儿园的门口，在那里，我需要和他分别。这是他第一次离别我们，去到一个新的环境。离别的那一刻，他不哭，没有流泪，默默地挥着手，跟我说再见。我说放学后来接他，他点了点头，走了。后来，幼儿园老师告诉我，那天，他一直红着眼。

峻叔4岁那年，成为了一个单亲孩子。我坦然地告诉他，以后，妈妈要一个人带着你"浪迹天涯"了。

作为一个单亲孩子，我努力地让峻叔不比别人少些什么。但是，在学校，他总会遇到各种让他尴尬的问题。同学会问：你的爸爸呢？为什么每次都是你妈妈给你作业签字？老师会要求，你爸爸要来参加亲子运动会，有一个项目需要父子一起完成的。他极力想避免这些问题，却又无力避免。一段时间里，他很反感这种问题，就像我小时候很反感人家问同样的问题。

那一年的父亲节，我让他打了个电话给他爸爸，祝爸爸节日快乐。我告诉他，血浓于水，爸爸在不在身边都好，都要爱爸爸。无论爸爸有没有陪伴你长大，我们都有一个很棒的爸爸。

峻叔渐渐长大了。又是一年父亲节，他送给他爸爸一个礼物，这个礼物是一首歌，他独自拿着吉他弹唱的，筷子兄弟的《父亲》。

◎你是我生命永远的主角

我真正的成长，是从我妈妈生病之后。2010年，妈妈被确诊肺癌晚期。妈妈在武汉治疗，我在广东工作。每个月，我都要在广东和武汉之间奔波，一去武汉，就是半个月。峻叔一人在家，由友人照顾着。长时间不见，我们都很想对方，但又无可奈何。

一天，我收到一张明信片，上面的寄信人，歪歪扭扭地写着峻叔的名字。明信片上，他给我画了一幅画。

在那段难熬的日子里，峻叔用他自己的方式，给予我一些阳光。

在商场，我看到峻叔非常喜欢的玩具。我像往常一样，准备给他买这个他曾经很喜欢的玩具。峻叔拒绝了。他说，他不要玩具了，因为外婆生病了，想要把钱省下来给外婆治病。

他知道，外婆很爱他。他知道，外婆在生病之后，还会蹲下来给他系鞋带，还会为他的衣食住行操心。他爱他的外婆。

从小到大，都是外婆在照顾他，陪他睡觉，陪他玩耍。人家要想抱一下峻叔，外婆总会急急忙忙拿来一张手绢，垫在人家的手臂上，以免其他人和峻叔有直接的皮肤接触。

有一段时间，外婆默默地收集了很多矿泉水瓶盖。我不知道什么原因，后来才知道，原来，那段时间峻叔很喜欢玩滑轮。外婆收集的这些矿泉水瓶盖，可以用来做路障，训练峻叔的滑轮技术。

然而，外婆的病重，给了他重重的打击。重病，治疗，离去，峻叔眼见着外婆要离他而去。这是他第一次离"死亡"这么近。他最爱的人，去世了。

就在外婆去世后的半年，我也生了一场病。当我拿到检查结果的时候，我就知道，我这是一场大病。

当我得知自己生病时，有过无数次的担忧，我很害怕峻叔无法在他这个年龄能承受这件事，害怕他会因此事一蹶不振。但是，我又不得不告诉他，并教他学会一起去面对。

那天夜里，我和他一起去看电影。我们俩都是漫威迷，很喜欢超级英雄，并且相信在这个世界上，是有超级英雄的。在我家客厅里，挂着一幅大大的美国队长画像。或许是出于电影的鼓舞，看完电影，走出电影院之后，我就想告诉他这件事情。

那时，站在我身旁的峻叔，还没有我的肩膀高。我低着头对他说："妈妈生病了，和外婆一样，妈妈会很努力地去治病。但是，男孩要独立，即使有一天失去妈妈，也不会感觉到孤单了。"我想告诉他，即使有一天没有我，他也要像超级英雄一样，敢于面对所有的事情。

峻叔抬起头，用无比坚定的眼神，回了我一句："我不会失去你的，因为你是主角，主角永远都是到最后的。"

以前，我总在想，我应该怎么教他面对这件事情，告诉他妈妈也会像一个超级英雄一样，勇敢地面对疾病，让他不要害怕，不要担心。然而，实际上，他给我的答案比我想象的要更好，实际上，他才是我的超级英雄。是他，教我怎么去面对，并且告诉我，不必去害怕这些事情。

那天起，我更坚信自己能陪他一起到 80 岁，也是从那天开始，我没有再想，我会不会突然离开，他会不会突然失去我。因为我答应过他，我一定要陪他到 80 岁。

◎ 如果你从四点来，那我从三点就开始感到幸福

很多人看了峻叔的微博，会发现他是暖男一枚。他不仅暖，还暖到心里

头去了。因为我身体原因，不得不送他去寄宿学校，一个星期回来一次。每次分别时，我都很舍不得，哭着喊着跟他说：可不可以不上学。他倒像一个成熟的恋人一样，抚着我的头，安慰说：不怕，我五天就回来了。

他叮嘱我，暴风雨来临的时候，不要在街上逛街，如果在外面一定要找到三个安全区。禽流感流行的时候，他又叮嘱道：不要吃鸡哦。

临别前，他依然和我有说有笑，看上去并无异样。然而，当他坐上校车，校车缓缓离我远去时，我看到他的眼睛里，泪水一直在打转。他不停地挥手，隔着车窗。偶然，我有一次去他学校。在他宿舍的枕头底下，我发现他竟然藏着我们的合影。他说，每次他想我睡不着的时候，就拿起我们的合影照，就好像我在他身边一样。

每周五下午四点，我会早早地在家附近，等他坐着校车归来。那天下午，"等待"对我来说，是既漫长又浪漫。每周这个时候，等待他回来，是我最期待的事情。对他来说，更是如此。为此，他还送给我一幅他画的作品。画上，一片绿草如茵，上面写着：如果你从四点来，那我从三点就开始感到幸福。

等待，成为一件很幸福的事。

亲爱的峻叔：

　看！答应你的事，我一直在做！

　超级英雄正陆续抵达峻叔的家！

　请峻叔速速迎接！

04.14

　　从他下午三点，坐上校车的那一刻起，他便开始等待，等待见到我，等待见到我之后给我一个大大的吻，等待和我分享在学校的一切，开心的、伤心的。我也在等待，我学着画画，每周画一幅超级英雄的漫画，等待他回来。

　　每周回来一次的寄宿生活，却让我们懂得珍惜，珍惜这难得的周末时光。每每周末，我便推掉所有的工作，希望把所有的时间，都用来陪伴他。

　　写完作业，我和他坐在沙发上玩着游戏。有不少家长会反对孩子玩游戏，我却是那少部分支持孩子玩游戏的人。我和他一起去研究各类游戏公司，任天堂、索尼各出了什么新机型，又有了哪些大作，我们一起去区分游戏质量的高低，并且拉钩都不玩会令人上瘾的部分网游。有时候，玩游戏也能成为一件很温暖的事情。有一段日子，他爱上了一款沙盒游戏 Sandbox，偶然有一天，我点开了他的游戏，我发现里面有一幅画面。峻叔告诉我："这是送给你的礼物哦！"那幅画面上，拥有长长头发的母亲牵着一个小男孩，天上，是五颜六色的彩虹。他说："你拉着我的手，天边满是彩虹。"当我收到这个礼物的时候，我觉得，这个是世界上最美好的画面，这是世界上最动人的礼物。后来，我把它设为我的微信头像，至今仍然没有改变。

◎你有了一个"兄弟"

什么是幸福？在我看来，幸福或许就是你遇到一个爱你的人，而他更爱你的孩子。当幼幼"闯进"我的生活时，他是峻叔同床共枕的难兄难弟。我一直都知道，峻叔喜欢幼幼，而幼幼也喜欢峻叔。但下面的这两件事情，更坚定地让我相信，幼幼是喜欢峻叔的。

那天夜里的故事，是幼幼告诉我的，他在日记里写下了这一场景。那时，他和峻叔睡在一张床上，每天晚上，他们都在一番卧谈之后，各自入睡。半夜，幼幼醒来，发现峻叔不在他的身旁。他起身，看到我的房间半掩着，透过门缝，他看到峻叔依偎在我身旁，睡着了，睡得很香。

这件事情对他触动很大，后来，他在日记里写道：我这一辈子，都不会离开他们娘俩。

另一件事，则发生在峻叔一次登台之后。那天，峻叔登上了舞台，在舞台上，他的表现很好。当天晚上，我们回到酒店里，他和峻叔躺在床上。峻叔睡了，然而他却久久没有睡下，辗转反侧。很晚很晚了，他依然没睡。

我问他，为什么还不睡？

他说：唉，峻叔今天登台之前，我居然忘记亲亲他了。

他说完这句话，摸着峻叔的头，亲了亲。

我什么话都没说。但我因此整晚都睡不着了。或许，只有父母，才会有他这样的体会，才会因为这点看似小事而在意一晚上，才会想着时时刻刻都

要鼓励孩子，一旦有一丝鼓励被忽略的时候，都会觉得那么遗憾。

那一刻，我觉得他是那么爱着峻叔。那一刻，我终于明白，为什么峻叔去哪儿，都要拉着幼幼的手，紧紧地拉着。

◎ 我第一个会救你

我们办理结婚登记那天，双方都没有家长在场。这样一来，峻叔便是我们最重要的见证人。他既是幼幼的兄弟，又是我的"家长"。这一天，最忙活的人，非他莫属。

在婚姻登记处，有一面许愿墙，上面挂满了各个宾客写给新婚夫妇的祝福。峻叔跑过去，拿了一张纸，也写下他的祝福：我们永远在一起。写完，还帮我们一起署了名。

当我们宣誓完毕，他对我们说道："以后，我们家就只剩下我一个单身狗了。"

在他心里，早已把幼幼当成他的家人，他的兄弟，他的长辈。

后来，我们有了牙牙。我既期待着小生命的降临，又害怕峻叔的失落。二胎时代，老大如何看待弟弟妹妹？

无论是学校，还是旁人，总会有人告诉他：如果妈妈有了弟弟或妹妹，她就不再爱你了。

他跑回来，跟我说：妈妈，如果你有了牙牙，你会不会就不爱我了？

我问他：你还记得《唐山大地震》里那个桥段吗？因为地震，弟弟和姐姐都被压在底下，情急之下，消防员只能救一个。消防员问，是救弟弟还是救姐姐？

我给你的答案是：无论什么情况，你和谁，妈妈第一个先救的人是你。但你和牙牙，都是妈妈心里的宝贝。

在牙牙出生前夕，我们都给他录了一段视频。视频中，我告诉牙牙：无论发生什么遇见什么，都希望牙牙要最爱哥哥，永远最爱哥哥。

牙牙出生后，偶然有一次，我问他：峻叔，你第几个喜欢妈妈呀？峻叔居然回答道：第二个喜欢妈妈。我很惊讶，非常生气地问他：那你第一个喜欢的人是谁？峻叔毫不思索地回答：牙牙啊。我笑了，我想，现在的我最幸福的事情，就是峻叔最爱牙牙。

◎ 我不准你那么快长大

渐渐地，峻叔长大了。个子越长越高，校服的码数越穿越大。

在他很小的时候，我曾希望他能快快长大。在他还没学会走路时，我希望早点可以牵着我的手一起逛街，我希望他能早点学会走路，早点学会吃饭，跟着我后面玩儿，不用我操心。

当他好不容易会走路了，我希望他早点能跟我一起玩游戏，或者有时我玩游戏，他能在旁边安安静静地看会儿书；当他好不容易学会玩游戏，我希望他早点跟我一起"闯天下"，带着他一起出去玩，看看大千世界的五彩斑斓。

　　但现在，我却希望他慢点长大。我害怕他长到 18 岁，去外地读大学；我害怕他终有一天，长成大男孩，去闯荡他自己的世界。

　　那天，我给他买鞋子，他穿 42 码的。买完之后的那一整天，我心里很不安，我悄悄地站在他的身边，和他比了一下身高，发现他已经快要比我还要高了。

　　我躲在他的房间里，背对着门，哭了很久。峻叔走进来，抱着我，说："我还是我呀。"在那一刻，我觉得我自己还不够努力，我最爱的儿子都长这么大了，小时候许下的愿望，都还没有实现。

　　我突然发现，我们还没玩够，他就长大了。我多么希望，时间能过得很慢很慢，他能够慢一些长大。无奈的是，他站在我面前，比我还高。我蓦地发现，我还有很多很多事情，没有在他比我矮的时候，和他一起做。我曾经答应他，要带他一起去一趟迪士尼乐园，但他已经快 12 岁了，这一小小的愿望仍未实现。

　　他常常唱的《今天是你的生日，妈妈》中，有一句歌词："如今我已经长成个青年，可是我却不能陪在你身边。"他终究会长大，终究有他的生活，但只要他在我身边，我就很想把 1 分钟掰成 2 分钟用，希望时光能慢些，再慢些。

　　长大了，也许他不再稀罕和我玩"六个亲亲"了，也许他已经不再稀罕我给他画的超级英雄，也许他已经适应了宿舍生活。

　　但是，峻叔，仍然是小时候的那个峻叔，我依然爱着他，他除了爱我，还会爱幼幼，更爱牙牙。

我的妈妈长生不老

我曾对峻叔说：男子汉要独立，即使有一天失去妈妈，也不会感到孤单。峻叔说：你是主角，我不会失去你的。

冬夜里的上海，吹着凛冽的北风，还夹杂着零星小雨。我和峻叔走在上海的街头，觅食。

这是峻叔第一次来上海。我问他，上海和广东有什么不一样的地方？他说，冷。然后呢？很冷。于是，我在街边的一个档口，给他买了一双手套。他心满意足地戴着手套，买了份鱼丸。

我得坦承，我是一个很懒的人，在一座城市扎根，便不再愿意离开。即便是旅游，也只是在市区里头转悠。因此，峻叔自小也没去过多少个地方。借着这次机会，我终于能和峻叔，暂时逃离了久住的城市。

次日，还没来得及领略上海这座大都市，我们就匆匆赶去了一个创意园。路上，我叮嘱峻叔："这是易中天老师主持的节目，你待会儿见到易老师后一定要争气哦！"峻叔一如既往地逗，跟我说："我又不是电饭煲，怎么蒸汽（争气）呢？"

我横了一眼，怒视着他。

他立马说道："马上变身电饭煲。"转了一圈，"争气！"

来到录影棚，他遇到了一位小嘉宾，叫阿拉蕾。这是一位曾把周立波说得哑口无言，无还口之力的小女孩，在网络上颇有名气。与阿拉蕾的伶牙俐齿相比，峻叔显得有些寡言。

见到阿拉蕾，峻叔跑去了洗手间，躲在里头不出来。即便阿拉蕾在外头拼命敲门，想跟峻叔玩儿，他也仍然倔着不肯出来。或是害羞罢了。原本这次录制的主题是《家有零零后》，邀请的嘉宾是他。他说要跟我一块儿上去。

我们十指紧扣，走着上台去了，像对小情侣似的。从小到大，我们俩都要紧紧牵着手，十指紧扣。我曾对峻叔说：跟你十指紧扣恶心死了。峻叔回了一句：我早就吐了。

上台，易老师问峻叔：你为什么叫峻叔？

峻叔笑着回答：因为妈妈太年轻了，觉得她是我妹妹一样。

一番寒暄之后，主持人问峻叔："你妈妈说她身体不太好，她是什么不好呢？"

峻叔一阵犹豫，说：这个我可以不说吗？

回答这个问题，对峻叔来说很难，他或许不想也不知道该怎么跟别人说，他的妈妈身患重症。易老师的一番话，很好地回答了这一问题。

易老师对峻叔说："峻叔，其实癌症没那么恐怖，它就是一种慢性病，就是一种老不好的感冒，要很长很长时间才会好。在人身上有很多细胞，它们吸收了营养之后，就要工作。但是有一种细胞叫作'癌细胞'，它是只吃饭不上班的细胞，它领薪水不上班。它还有一个不好的地方是，它还要教别人领薪水不上班。癌症的问题就在这个地方，但是它是一种慢性病。身体上有癌细胞没关系，关键我们心里没有就好。我看你妈妈心里就没有，你妈妈的心里非常健康。你也挺棒的，你看你八岁就有一种男子汉的气概。"

身体上的癌虽可怕，心里的癌症更可怕。何尝不是这样？就像我跟峻叔说的："癌症就像一个感冒。只不过，一般的感冒七天就好了，而这个感冒要七年甚至更久。但是，如果我们不因此感到害怕，不蹉跎度日，就不会被它打倒。"

峻叔对癌症并不陌生。在这半年之前，陪伴峻叔长大的外婆，我的妈妈，因癌症去世。因为癌症，峻叔永远失去了他深爱的外婆。如今，癌症这东西，来到了他的妈妈身上。

我曾对峻叔说：男子汉要独立，即使有一天失去妈妈，也不会感到孤单。峻叔说：你是主角，我不会失去你的。

这大概是世上最动听的情话了吧。

在得知我生病之后，八岁的峻叔便如他自称的"叔儿"一样，担起了照顾我的这一重任。每天都要监督我好好吃药，好好吃饭，一副大人模样。我躺在床上，身体极其虚弱，他就安静地坐在我身旁，想陪着我说话，转移些疼痛感。

我说，那你给我讲个笑话。他说，好。立马，一个信手拈来的段子，逗得我忘记身上的疼痛。我似乎已经习惯了这样的生活，在我疼痛的时候有他给我讲笑话，吃药时他给我端水。

我的经历，也勾起了在场嘉宾六六老师的回忆，她说："我有的时候觉得我跟儿子之间的默契，是世界上任何一个男人跟我都不能达到的，他可能生下来就懂我。我记得他很小的时候，那时候还不会走路，爬着的时候，我出差从国外回来，很累，在倒时差。他会一路爬着过来帮我盖被子，然后就坐在我的脚边上睡着了，他可以一直安静地坐着，坐到我醒。我觉得这种事情

成人都不会干出来。"

我不曾敢想，如果峻叔失去我了，会怎样？

台上，主持人问小朋友们：就要过年了，大家有什么样的新年愿望呢？

小朋友们有很多种答案。有人说："希望妈妈陪我去电影院看一次电影。"也有人说："希望能得到一个芭比娃娃……"

峻叔说："我希望妈妈长生不老。"

主持人再问："那你会一直陪着妈妈吗？"

峻叔说："会！"

易老师笑问："那以后你有女朋友了，还会陪吗？"

峻叔说："会！"

峻叔，妈妈也答应你，我会陪你一直长大。

写在文章后面：

其实，我常常会内疚，因为身体和婚姻的原因，我没有办法给峻叔一个正常小孩应该有的童年。别人家的童年，或许每天就是无忧无虑地生活、成长，然而，在我们家里，他早早地开始学会接受分离、病痛、死亡，这对他来说太沉重了。不管我多么努力地想要给他创造一个无忧无虑的童年，却总是无法避免这些种种。

幸好峻叔是一个让我觉得有担当、有责任，懂得保护妈妈的暖男一枚。有时候，他常常因为调皮惹得我发怒，但更多时候，他不经意间的一句话，却总能让我倍感温暖。正如节目中，一位嘉宾说的，峻叔并不是因为妈妈病了，才变成这样一位暖男。妈妈就算是没有生病，他也会是这样一枚难能可贵的小暖男。小孩是天使，是每个妈妈得到的最好的礼物。

我忘了他是我儿子

66 他是你儿子还是你弟弟？"这大抵是每次我和峻叔出去别人问得最多的问题，甚至有时候，我也混淆了，我究竟是他妈妈，还是他姐姐？

年仅4岁的峻叔，正在家中拼模型，照着图纸拼装，神情颇为认真。不一会儿，他坐在地上，一边看着图纸，一边端详手上零件，若有所思，但无从下手。坐了许久，手上的模型仍然毫无进展。

他屁颠屁颠地跑到我跟前，紧紧握住手上的零件，抬起头，期待地看着我。那眼神儿，不亚于祈求我给他买个模型。我一把拿过零件，不一会儿的工夫，装好零件，给他。

捧着拼好的模型，他满脸崇拜地看着我，拍手欢呼：哇，妈妈好厉害，妈妈好厉害！

然而，我的反应就像是一瓢冷水，把他所有对妈妈的仰慕，浇灭了。

我"哼"的一声，冷笑，不屑地说：你才知道啊？！

然后，我转身就走，留下后面那一脸疑惑的峻叔，扁着嘴巴，似乎要哭。

妈妈见状，跑了过来，对我大骂一通：你这样像做妈妈的？你难道没发现你的儿子是用很崇拜的眼神看着你吗？你有什么好冷笑的？

妈妈说得对，我并不像一个做妈妈的。

◎ 狡猾的妈妈

语文课上，老师要求组词：＿＿＿＿ 的妈妈。同学们说：慈祥的妈妈、伟大的妈妈、美丽的妈妈……峻叔镇定地在作业本上写上：狡猾的妈妈。

在他心中，我这个妈妈是狡猾的。

和他玩词语接龙游戏，他说："一年的年。"

我："年轻的轻。"

峻："青蛙的蛙。"

我："哇噻的噻。"

于是，他就这么被我的一个语气助词打败了。输了，我要求他指着自己的鼻子说：我输了。无奈，他只能说："我输了。"那一刻，我忘了他是我儿子，我应该让着他。

和峻叔去外头吃饭，在餐厅里坐下，峻叔说："渴死了，我想买一瓶饮料。"我不让，说不要在餐厅买，餐厅里买很贵的。峻叔说："在这里买多少钱？"

"5块。"

"在外面呢？"

"4块5。"

峻叔一阵无语。

带着峻叔，要坐几十小时的车回老家看姥姥姥爷。在车上，我很想坐在窗边的位置，峻叔说他也想。

我说："峻叔，女生呢，是一定要坐窗边。所以，你应该怎么做？"

峻叔悻悻地坐在了靠近过道的位置。

峻叔说："我很想知道，为什么女生都喜欢坐窗边那个位置呢？真的有'女生一定会坐窗边'这回事吗？"

我默默地看着窗外美景，忍住没笑。

◎ 跟着峻叔打游戏

坐在沙发上的峻叔很专注，眼睛盯着面前那台电视。电视屏幕上显示的是一款经典游戏：超级玛丽。在沙发旁边，我拿着另一个游戏手柄。为了玩实况足球没有拖影，我专门把家中的液晶电视换成等离子。

这是一个妈妈和儿子的周末时光。

峻叔说，别人家妈妈挂在嘴边的话是：不要玩游戏了，快点写作业！我家的妈妈是：快，打它！快，跳起来！

作为妈妈，怎么能够让儿子打游戏，甚至还要和儿子一起打游戏呢？

作为妈妈，或许应该监督儿子赶紧写作业，安排他上培训班，要求他听话乖巧，要求他少看电视多看书，少玩游戏多运动。

我，这个不靠谱的妈妈，狡猾的妈妈，却鼓励他玩游戏，鼓励他玩各种各样的模型。当然，我鼓励他的，不仅仅是玩游戏，而是游戏背后，那些值得研究的东西。

"峻叔，你知道吗？我们玩的很多不同游戏，都是由不同公司开发的，比如说有任天堂、索尼等。这些不同的公司开发的游戏机也各不相同。比如说你在索尼开发的游戏机中，就玩不了'超级玛丽'。如果你在任天堂开发的游戏机中，就玩不了索尼的'小小大星球'游戏。"

"峻叔，你知道吗？玩游戏，不能仅仅玩游戏。你还要知道游戏背后的制作公司，你更要知道一个游戏是怎么制作的？它为什么会成为一个大作品？它的游戏画面、闯关技巧是怎样的？"

游戏，从来不是"老虎"，要避之不及。了解游戏，才懂得什么是好的游戏，什么是坏的游戏。

峻叔喜欢游戏，后来还喜欢上游戏解说。有时候，他看着游戏，不自觉地自言自语，开始尝试解说，用他自己独特的方式，略带调侃，又有不羁，挺好。

当然，玩游戏之前，他得把作业写完。

每周回家，峻叔总要去老城区的一家小书店。那里有他爱看的漫画书，能在那里待上一天。他爱看的漫画很多，质量参差不齐，有些一看便知晓内容粗陋不堪。

每每看到他翻到这些漫画，我也不立即阻止，给他买来了一些其他漫画，放到他跟前。"你可以看看这些漫画，这些都是一些著名漫画家的作品。看这些，比起你手上那本更有意义。"

看完，他跟我分享。

"妈妈，我很喜欢《小王子》的一句话，它表达了我的心声：假如你驯服了我，我会因为你的金色头发爱上麦子，甚至会喜欢那风吹麦田的声音。"

"妈妈，我也会像阿狸一样，永远爱妈妈！"

◎ 模型也是男孩子的正经事

放暑假，他不知怎的，迷上了四驱车。玩四驱车，是一个技术活儿，得买来各种零件，自个儿拼车。他对车很熟悉，小时候，他只要看车的轮胎，便知道那车是什么系列的。如何把你的车辆拼得既稳定性强，又速度快，有些难。大部分时候，你想追求车速快，那车的稳定性就会降低，要想追求车辆稳定，那车速则会减慢。

他就这么琢磨着，也遇上了一些志同道合的小伙伴。与其说小伙伴，不如说是哥哥们，他们通常要比峻叔大一些。在交谈中，他们不时羡慕起峻叔，这并非因为他的车技有多厉害，或者零件有多昂贵，而是因为我，一个如此无私地支持峻叔玩四驱车的妈妈。在他们的妈妈看来，孩子玩四驱车，纯粹就是一种浪费钱又没能学到任何东西的兴趣。于是，他们往往要自己偷偷买来各种四驱车配件，进行改装。他们说，这么支持孩子玩四驱车的妈妈，是头一回见到。

听着，我心里暗暗自喜。

有时我在想，妈妈应该是怎样的？她一定要是那个高高在上，永远一副威权至上的姿态？她一定要用训导来教育吗？她一定要整日念叨"别人家的孩子"吗？

他喜欢拼模型，喜欢玩游戏，喜欢看漫画。我陪着他拼模型，为他讲解游戏背后的故事，跟他一起分享漫画。

我知道，他在学校很快乐，跟一群有共同爱好的同学，有说不完的话，玩不完的游戏。我想，他在家要更快乐，因为有一个狡猾的妈妈和他玩游戏，分享漫画，在他遇到不懂的模型时，向他的妈妈伸出求援之手，尽管他的妈妈帮他拼完模型后，会不屑地说一声：你才知道妈妈厉害啊！

世界上，还有和你不一样的孩子

❝孩子被打，是应该打回去还是告老师？❞在一档当前很火的辩论节目中，导演给了这样的一个辩题。

孩子被打怎么办？这令不少家长百思不得其解，是对家庭教育看似很小实则很大的考验。

对我，也是如此。

10岁的峻叔，被打了。

我得知这一消息，是班主任告诉我的。班主任得知这一消息，是同学告诉她的。

在饭堂门口，峻叔刚吃完饭，正要和同学一块儿回宿舍。刚出饭堂，背后猛地一股力量，两巴掌重重地拍在峻叔身上。打他的，是一个高年级学生，一个从未见过的高年级学生。

峻叔后来回忆说："我不知道他为什么打我，他读几年级。但我仍然记得那个人的样子，记得他打完我之后，蹦跳着离去了，就像什么事没发生过似的。"

被打之后，峻叔也像什么事没发生过似的，直到同学告知老师。

老师心疼峻叔，问他：为什么被打了不告诉老师？

峻叔的回答，让老师有些意外。

峻叔答道："我被高年级的学生打了，我知道被高年级打的滋味。所以当我成为高年级学生时，我才不会欺负低年级的学生。"

这让我想起曾看过的一本儿童绘本：

一只没有名字的小狼，第一次跟着叔叔一起出去打猎。忽然，叔叔发生意外，从岩石中摔下，死了。孤苦伶仃的小狼，偶然地遇到了一只兔子汤姆。小狼和这只小兔子成为了好朋友。小兔子得知小狼没有名字，给它取了个名：狼狼。

他们经常玩"我怕狼""我怕兔子"的游戏。玩"我怕兔子"游戏的时候，狼狼一点都不害怕，可是，玩"我怕狼"游戏的时候，小兔子汤姆总是非常害怕。

渐渐地，小兔子汤姆不敢再跟狼狼玩，远离了这个看起来可怕的朋友。狼狼也只能一个人，去找另外的伙伴。

就在找伙伴的途中，一天晚上，狼狼被一群大狼们当成了兔子，被恶狠狠地追赶。那晚过后，狼狼终于明白了"我怕狼"的滋味了。

狼狼来到小兔子汤姆的门口，大喊道：汤姆，我知道"我怕狼"的滋味了，我保证以后再也不吓你了。

汤姆在洞里想了想："如果，狼狼也和我一样，知道什么是害怕，那他就再也不会吓我了。"

从此，他们又成为了好朋友。

峻叔这番解释，和《狼狼》的故事放在一块儿，总有一种殊途同归之意：只有经历了，才能真正地感同身受。

峻叔在学校被欺负，我理应很愤怒。

仍记得小时候，峻叔的玩具被一个不认识的同伴抢走。玩具被抢走的那一瞬间，峻叔愣在那儿，不知所然。

他一脸茫然地看着我，很渴求拿回玩具。

我在一旁，问他："你是不是很喜欢那个玩具？"

他点点头。

"那你是不是很想拿回来？"

他又点点头。

"好，那你自己把它拿回来。"

他直直地盯着玩具，没有向前。

"去，把它拿回来。"

他仍然没迈出半步。

"没事的，你拿回来，那是你的东西。"

他还是没有迈出半步。

站在一旁的我，立马一个箭步走到那小同伴跟前，一把抢过玩具，放到峻叔手上，头也不回地，带着峻叔离去，任凭那小同伴和他的妈妈，在风中凌乱。

在他小时候，这种事情上演了不少。

那年，他读幼儿园。回来之后，我发现他有些异常。但他也没有说什么。直到洗澡的时候，我发现，在他脚上，一块偌大的瘀青特别刺眼。我问他，怎么回事？他说没有什么。但我隐隐看到他的眼睛里，噙着眼泪。

在我的软磨硬泡之下，我才知道，原来他在学校被同班同学踩了一脚。我告诉他，让他自己踩回去。但是他不肯这么做。我说，不然，你会永远被他欺负的。你要懂得保护自己。我们自己不欺负别人，但是也不能让别人欺负我们自己。

不管我怎么劝说，他仍然没有按照

我的想法去做。一气之下，我带着他，去了幼儿园。我声称要把那熊孩子的脚也踩瘀青。最终，该事件以熊孩子被老师严厉批评而告终。

但我知道，我不能够永远帮他抢回属于他的东西，也不能把人家的脚踩瘀青。他终究要懂得保护自己。

就像这次他被打，我没办法去学校，把那名高年级学生找出来臭打一顿。尽管我心里已经有一万种整死他的念头。

峻叔的这个解释，不仅让我抑住心头这团火，也让我因此释怀了。

我害怕峻叔在学校受欺负，我更害怕他随意给任何一个同学贴上标签。"好孩子""坏孩子""聪明小孩""笨小孩"，在孩子的成长过程中，我们不可避免地会给各种各样的孩子标签化。这种标签，让我们快速地分辨各种孩子。

他打人了，他是坏孩子；他抢过人家东西，他是坏孩子。从此，那个曾经打过人、抢过东西的小孩便成为人们心目当中的"坏孩子"，便让人觉得是可怕甚至可厌的"狼"。

我们或许不知道的是，当我们给这些所谓的"坏孩子"贴标签时，我们也变成了"坏人"。而实际上，我们不少家长在教育孩子时，总在不经意之间成为带着偏见的"坏人"："孩子，他的成绩这么差，不要跟他玩儿。""你看，别靠近他，他前两天才偷了你的牛奶。"

我也曾经如此。

峻叔是寄宿生。一天，峻叔向老师请求，希望能换到另一个宿舍。原因是那个宿舍有几个同学经常说粗口，骂人，甚至欺负其他同学。峻叔希望，能换到一个更好一点儿的环境。一番沟通后，峻叔如愿以偿，终于搬到另一个宿舍。

虽说是换宿舍，但作为同学，抬头不见低头见，峻叔跑到原宿舍，要找一位好朋友。刚进门，一位曾经满嘴粗口的同学劈头盖脸来一句："滚，你给我滚，这里不欢迎你！"

一听这话，峻叔没再进去。但这一句"滚"，让他耿耿于怀。这个从小到大没人跟他说过一句脏话的小孩，内心里忍受不了这一句重重的"滚"。

我内心气急败坏，却不知该怎么教他理解并解决这件事。是该让他骂回去？还是让他远离这个所谓的"坏孩子"。

我庆幸的是，峻叔在描述此事时，用了一个词形容那个同学：不良少年。

他认为，他们不是"坏孩子"，他们只是不良少年。他认为，他被打了，知道被打的滋味，所以他不会打人。

峻叔在用自己的方式，理解这个曾经施暴的人，理解这个世界的善与恶，美与丑。

听完他的解释，我说："你要做好孩子，但是你也要理解，这个世界上有你这样的孩子，也有和你不一样的孩子。"

这个曾经打人、曾经偷东西的"不一样的孩子"，往往会成为人们眼中的"坏孩子"。作为家长，我们也许会告诉孩子，一定要远离这些孩子，否则你会学坏，也会变成坏孩子。

我们还会直截了当地告诉孩子，这世界上什么是美好的，什么是丑陋的。我们把我们所谓的"标签"抛给孩子，并告诫他们：孩子，你一定要分清楚这些标签，这样你才能不受伤害。

不幸的是，我们往往忽略了孩子对这个世界的理解。也许，我们认为"丑"的东西，在他们那儿，只是一个"不良"；我们称那个打人的小孩就是"坏小孩"，而我们的孩子认为，他只是"不良"，他们可以进步成"优"。

我们害怕，孩子因接触"坏小孩"而受伤。但我们的孩子认为，这件事是那个"打人的孩子"做得不对，但这并不妨碍我们会跟他成为好朋友。

坦白地说，小孩眼中的这个世界和人，比我们要纯粹得多。他们知道"好"与"坏"，但他们不轻易定义"好孩子"和"坏孩子"。他们知道"是"与"非"，但是他们不会因为一个人的"非"，而否定他也有"是"。

在陪伴孩子成长的道路上，我们需要懂得分辨是非，更要懂得摒弃偏见；我们需要引导，但无需硬塞。我们只需让孩子知道：这世界上有你这样的孩子，也有和你不一样的孩子。但请记住，这些"不一样的孩子"，绝非"坏孩子"。

喜欢民谣的小孩

最后一班，午夜列车，悄悄带走了青春

最亲爱的人，最美的时光，渐渐刺痛了回忆。

车上，他们俩你一句我一句的，唱起了这首《青春再见》。在副歌部分，甚至还合唱起来："啊青春再见！啊青春再见，啊青春再见吧再见吧再见吧。如果一天，我就要离去，请把我留在回忆里。"

大概是从9岁时，峻叔开始喜欢民谣。一开始，他喜欢老狼《同桌的你》。这是大部分人熟识的一首民谣歌曲。

后来，他喜欢钟立风。我生日那天，峻叔送给我一个非常特别的礼物，一首歌——《今天是你的生日，妈妈》。

"今天是你的生日，妈妈我很爱你，长了这么大，第一次说给你听。妈妈我告诉你，我找到了真正的爱情，她的模样就像年轻时候的你。"

在唱到"真正的爱情"时，他面带羞涩。

我没忍住，哭了，一个劲儿地在他脸上亲，左亲几下，右亲几下。亲完，我还使劲捏他那光滑柔软的脸。后来，这首歌，成为我的治愈情歌。无论何时何景，一首《今天是你的生日，妈妈》，便能瞬间让我感动不已。

他人生中第一次登台唱歌，唱的也是这首歌。那一次，他当着上千名观众，在偌大的舞台上，独自一人，唱起这首歌来。纵使下面欢呼声不断，他也只顾唱着，拿着把吉他。时不时的，他要往右下角的那个方向望去，我在那静静听着，又哭又笑。

中途，一位女粉丝跑上舞台，送给他一朵花。

那晚，我觉得他是最好的那个，尽管他并无名次。

如今，喜欢民谣的人少，像他这个年纪喜欢民谣的是少中之少。班上的同学，大多喜欢张杰，喜欢唱《逆战》。在班上，峻叔算得上是个"另类"，竟喜欢钟立风，喜欢赵雷，喜欢李志，喜欢万晓利，这都是一些民谣歌手。

在去学校的路上，他一直坐在车后座，拿着我的手机播放一首歌，还一边哼唱着。我问他，这首歌叫什么名字，他说《赵小雷》。话没说完，他就赶紧又跟着节奏唱起："赵小雷他是个什么东西，你知不知道他们都在背后说到你。你还是那样仰着脸叼着烟，一身的流气没人爱理会你。"

赵雷的歌他会唱的很多，常哼的有《南方姑娘》《画》。每次去KTV，他点的歌中，都会有这首《画》。

这确不是他这个年纪应该唱的歌。我在他这么大的时候，唱的是《让我们荡起双桨》《小燕子》。因此他常常给人以成熟的印象。

有时候他很闹腾，不断地要跟你说话，就像上了弦似的，根本停不下来。寒假期间，他一个人，跟着一群陌生的小伙伴，去了一趟冬令营。所谓冬令营，其实就是一些冬训罢了。七天的冬训结束之后，回来的前一天，他给我打了电话。电话那头，一片嘈杂。他扯着嗓子跟我聊天，聊他在营里吃到了绝品特产——辣条；聊他看到其他营员拿着智能手机，不禁拿起自己那台只能打电话和发短信的儿童手机，调侃自己是穷人。几次因为我有事先挂了，不一会儿他又打来，继续之前的话题。前后聊了大半个小时。

闹腾归闹腾，安静的时候却像一只小乖猫。只要他坐在车里面，就会拿起手机听歌。听着听着，不知不觉就睡着了，以手做枕，蜷缩一团。这时，他更像一只猫。有时，我总要忙着工作，他就坐在一旁，也不打扰，安静地听着他的歌。不时瞥见他那又长又卷的睫毛，安静极了。

究竟是他喜欢上民谣，才有这出奇淡然的安静，还是他内心的安静驱使他爱上民谣？这个我不得而知。但可以肯定的是，他不仅有安静，还有不羁。脱了缰的野马或许会直往前奔，但他不，他还要回头看看你，优哉游哉地到处晃悠。

万晓利，这个长头发、消瘦颀长的民谣歌手，唱起歌来洒脱慵懒。峻叔唱万晓利的歌，亦是如此。《狐狸》唱出了狡猾，《姑娘，你真傻呀！》唱出现世批判。但他懂批判是什么吗？他知道《狐狸》要表达的是什么吗？

甭管懂否，他似懂非懂地唱出了一首歌的魂儿。一首能动人的歌，并非那五音皆准的美妙歌声，而是能把一首歌的魂儿唱出来。味道出来了，自然动人。

偶然一次经过一片丛林，他就像触景生情似的，脱口而出："我是一只狐狸，我住在森林里，我的对手太愚蠢，我谁也看不起。"钻进草丛中，又蹦出

来。动作很滑稽，却又可爱。我调侃，这哪是狐狸，这就是一只兔，一只乖顺的，长大后也要跟妈妈亲亲的兔。

有人说，民谣歌手一定要会弹一手好吉他。峻叔也学着弹吉他。他会弹的第一首民谣，是《兰花草》，这是最简单不过的校园民谣了。他手很小，吉他很大，弹起来愈加难。但他兴致颇高，每次在老师那上完课回到家，还要坐在床头边，为我们弹奏。吉他弦是金属制的，弹久了手会留下勒痕。弹得痛了，他就呵呵大笑，直言酸痛，然后继续弹奏。

时隔一年之后，他再一次登上舞台。这次是以一位参赛歌手的身份参加的。前一年，他在复赛时被淘汰，最终以嘉宾身份上台表演。这次比赛，他还是抱着一把吉他就上去了。正当他开口唱时，不料麦克风没有录入吉他声。他一点儿不显慌张，淡定地示意音响老师，调试好，再唱。反倒是坐在台下的我，替他捏了把汗。

"对面的女孩看过来，看过来，看过来……"一开口，台下全场沸腾，其中女声占上风。台上，在他身旁，有三位女生背带白裙伴舞。

唱到中间，他还要自加旁白："虽然我很胖，可是我会减肥的！"逗笑全场。

一首歌下来，很多同学都跑上去给他献花，男同学，女同学，甚至班主任也跑了上去，紧紧抱着他。

这一次，他拿了全场最高分，获得冠军，嘴咧咧地笑。

那一次，他简直就是全场主角，全场的观众为他欢呼，全场灯光聚焦于他，所有的掌声为他而响起。

峻叔再次登台，是在《我是演说家》的舞台上。那是在我第二场演讲现场，我的演讲主题是有关峻叔的，《完整的爱》。

演讲结束后，一个稚嫩又熟悉的声音，从我背后传来。"今天是你的生日，妈妈我很爱你，长了这么大，第一次说给你听。"依然是这首歌，这首无论唱了多少次都会让我感动的歌。

有时候，峻叔做错事。认错之后，我仍然生气，把自己关在房间里，不出来。这时，门外传来一阵吉他声，紧接着，是他的歌声："今天是你的生日，妈妈我很爱你，长了这么大，第一次说给你听。"

我会破涕而笑。

他就像一个小情人一样，一个小小的，不太正经的文艺小青年，他知道，他能用吉他、弹民谣虏获我那颗很容易被他融化的心。

我曾问他，你为什么喜欢民谣。

他说，凭感觉。

感觉是一种非常奇妙的东西。它就像冥冥之中，萦怀梦绕，紧紧地拴住你的心。于是，你就开始喜欢它，爱上它。这大致也是我们喜欢很多东西的初衷。

峻叔的生活里，已经离不开民谣。正如每次放学后，他拿起我的手机，第一件事就是打开音乐软件，打开他的文件，那里有他所有喜欢的民谣歌曲。正如他每次回到家，写完作业后，坐在沙发上，拿起吉他，就弹上他喜爱的民谣。正如他每次学完吉他课，就迫不及待地要跟我分享他刚刚学会的歌儿。正如他知道我不高兴的时候，赶紧用吉他给我弹奏一曲。

我也喜欢民谣，因为我喜欢峻叔。

你回去做你的少爷吧!

峻叔说,他很想念以前的同学:想念跟他一起画连环画的小叶,那时候,峻叔设计剧情,小叶构思漫画;想念曾跟他一起钓鱼、特讲义气的小民;想念没来得及"表白"的"绯闻女友";就连曾经辱骂过他的那个同学,他竟也有些想念。

短短几年,峻叔换了好几所学校,公立的、私立的、距离远的、离家近的。它们风格迥异,自成一派。有的唯成绩论,你成绩好便是好孩子,你成绩差便是坏孩子;有的注重孩子特长,你擅长吉他,我给你舞台,你擅长书法,我给你平台;有的则自由放任,你喜欢什么那是你的自由,只要别违法违纪。

告别了三年的老同学,峻叔选择了一所离家近的学校。这是一所你随处可见至理格言的学校,楼梯上、走廊边、墙面上、洗手间,既有中国的仁义礼智信,也有外国的高尔基、爱迪生。这种"见缝插针"的宣传,让教育多了一些生趣。

然而,在这所新学校读了一个多月之后,峻叔问我:还能回到以前的学校吗？我诧异地看着他：难道还没适应新学校吗？我坚决地拒绝了这一"无理"的要求。

他有些落寞，躺在沙发上，拿起吉他独自弹奏，"池塘边的榕树下，知了在声声叫着夏天"。再过一年，他就要告别童年了。他说，他的童年还有不少遗憾：遗憾当时没有好好练吉他；遗憾没有跟小伙伴玩够；遗憾没有向他喜欢的女同学"表白"。他很想回到以前的学校，很想念老同学。想念过去，往往是为了逃避现在。现在，他过得不快乐吗？

我一再刨根问底，试图要问出些什么。

一个星期前，峻叔在宿舍打扫卫生。因为疏忽，他没有把垃圾桶旁边的一个垃圾捡起来。这个遗落在垃圾桶阴暗处的垃圾，引发了一场没有流血的暴力。

生活老师因此事大发雷霆，大斥峻叔："你回去做你的少爷吧！"紧接着，她转向其他室友，说道："以后谁也不准和他说话，谁要是和他说话，就惩罚谁。"整整一个星期，宿舍里无一人敢跟峻叔说话。他们担心，跟峻叔说话带来的后果就是被老师惩罚。

就这样，峻叔被孤立了整整一周。我不知道这一周，峻叔是怎么度过的。他独来独往于教室与宿舍。同学见了，低头走过。老师见了，不屑一顾。教室里同学跟他欢声笑语，回到宿舍一言不发。室友冷嘲热讽：你有权有势就了不起了？并且撂下一句：你已经不是这个宿舍的人了！

而这一切，我丝毫不知。我只知道他总是问我"什么时候能够走读？""能不能回到以前的学校？""我能不能晚一点去学校"。我从来不知道，这些看似"无理"的请求背后，还有那些我完全不知的冷暴力。

　　它没有让你流血，却比流血更痛；它没有摧残你的身体，却摧残了你的心理。更可怕的是，峻叔选择把这一切藏在心里。若非我刨根问底，若非他默默流泪，这看不见摸不着的冷暴力，还将以各种形式存在。

　　我问他：你为什么不跟妈妈说，为什么不跟班主任反映？

　　"如果我跟妈妈说了，我怕同学们会更不喜欢我，我怕我会因此失去所有的朋友。我才来一个多月，如果我跟班主任说了，我怕班主任会选择相信生活老师，而不相信我。"峻叔道出了他的担忧。

　　如果照峻叔这种说法，会陷入一种怪圈：冷暴力持续且更加肆虐，遭受者继续受伤且愈加严重。作为母亲，我必须阻止这一怪圈的发生。

　　在跟班主任交涉之前，我征求峻叔的意见，并告诉他，我为什么要告诉班主任：你选择告诉班主任，意味着你信任班主任。信任是相互的，只有你信任班主任，班主任才能信任你。你可以选择走读，甚至选择转学，但如果你一味地逃避，这个问题仍然没有解决，你仍有可能继续遭受这种伤害，仍然会带着这些伤害生活。

　　我终于还是给班主任打了这通电话。我说："当一个孩子做错事的时候，老师可以批评，甚至可以严厉地批评。峻叔身上的缺点我也知道：懒散，生活自理能力较差。作为生活老师，应当对峻叔身上的这些缺点提出批评，并且严格要求。但作为老师，教育学生时更要注意方式方法。批评，不是冷嘲热讽，更不是教唆同学不和他说话。老师的一句话，可以成就一个孩子，也有可能毁了一个学生。"

　　当我向班主任表达了我的意思之后，心里终于舒坦了不少。于情，我心疼我的孩子，忍受不了他在学校受到这般对待；于理，我认为老师的这番言行举止极为不妥，极有可能对孩子造成一生的伤害。

　　经过一番交涉，这件事情也以生活老师的一番道歉而得到解决。后来，我们和这位生活老师成了朋友。一次夜里，峻叔的头不小心撞到了门，生活老师急匆匆地跑回家，拿来亲自的猪油，她说，这样可以迅速消肿。很快，肿块消了不少。

这件事情让我明白，造成语言暴力抑或冷暴力的原因很多，是彼此欠缺沟通，是单一的评判标准，是急功近利的教育目的。

在校园里，冷暴力、语言暴力从来都不罕见，它总是以各种令人咋舌的形式充斥于校园之中：给品德表现差的同学戴绿领巾；在"表现不好"的学生脸上盖上"蓝印章"；因学生成绩差，要求家长带孩子到医院进行"智商测试"；根据成绩好坏给学生发放红黄绿三种颜色的作业本……

是的，这些小孩，他们有些偷懒，有些调皮，学习成绩差，不乖巧听话，于是，他们被冷落，被语言暴力，被边缘化。然而，这只会让事情变得更糟糕。

我曾看到一则纪录片，讲的是语言暴力对孩子的影响。片中，这些小孩都是少年罪犯。他们被骂"猪脑子""怎么还不去死？"等等。后来，这些被骂的小孩，以一种极端的方式，报复了这些语言暴力，毁了多条人命，也毁了自己的前程。

语言就像是一把双刃剑，它可以挽救一条生命，也可以毁掉一条生命。在充斥着冷暴力、语言暴力的校园背后，是浮躁功利的教育，是趾高气扬的姿态。在这个急匆匆的时代，教育，别走得太急，慢一些，让教育多些耐心，少些暴戾；多些尊重、少些嘲讽。

第三章

癌症只是一个大感冒

遇见女人如歌

2012 年 11 月 9 日晚，我的微博粉丝噌噌地往上涨，一千、五千、一万、两万、三万……这个数字不停地刷新，评论者不断。

这一切变化，缘于一档节目——《女人如歌》。

2012 年 9 月，我患病后的第三个月，一位同事跑过来跟我说，你这么喜欢唱歌，湖南卫视有一档节目《女人如歌》，正在招募选手，你要不然去参加一下吧。

要是以前，我会毫不犹豫地拒绝。但现在，我犹豫了。不到一年前，妈妈的突然离世，给我留下很多遗憾。没有一句话，没有一段影像，我只能凭她那泛黄的照片，想象着她曾这么年轻，曾这么美丽地在世上活过。

我能留给峻叔什么呢？我希望有一天，假如我不在了，峻叔拉着他的女朋友，把电视打开，能骄傲地指着说：看，那就是我妈妈！

于是，我去了长沙。在那儿，我认识了《女人如歌》的总导演李洁婷老师。这个跟我同年同月同日生的老师，外表看起来雷厉风行，女强人一个。但一说话，柔情似水。在所有选手当中，并非科班出身的我显得极不起眼。与我同来的有著名的音乐制作人，有拥有自己唱片的歌手，有知名唱片公司歌唱总监，有驻唱歌手……我，仅仅一个喜欢唱歌的人罢了。

在等待录歌的间隙，李洁婷老师对我说："早儿，你放轻松慢慢来，没关系的。"在我提供的一堆歌单中，她说，让我去唱一下《离歌》试试。

试唱完，我心中无比忐忑。李洁婷老师说，早儿，只要你很真诚地在舞台上唱歌，表现出自己最美好的一面就足够了，不需要去理会太多别的东西。她大概知道我忐忑不安，知道我不够自信。她似乎相信我能走得很远，甚至对我说，你总决赛可以唱林宥嘉的《眼色》，很适合你的。当然，我最终还是没坚持到唱《眼色》。但她的言语之间，让我对自己充满自信。

为了让我在舞台上有更好的呈现，她建议我学一套舞蹈。天哪，这对我来说比登天还难。她还是找来一个编舞老师，一位长得帅气也跳得很好的编舞老师。三天在舞蹈房，踩着高跟鞋，一遍接着一遍，腰酸脚痛。这三天穿高跟鞋的时间，几乎等于我这辈子穿高跟鞋的时间。最终，这件看起来比登天还难的事，竟也实现了，我真的学会了一套舞蹈。

练歌、练舞，就在我努力准备比赛前夕，意外发生了。临上场的前一天，在彩排现场，我的腹部剧烈疼痛，无奈只能匆匆唱完离场。比赛当天，我在肚子、腿上贴满了止痛贴，吃了会使血小板降低的止痛药。我希望在舞台上，能呈现最完美的自己。但任凭我的肚子因贴满止痛贴而起水泡，止痛药杀死血小板，我身上的疼痛感得不到一丝缓解。

临上场前一刻，节目组制片人和副导演叫住了我。我想我知道他们为什么找我。

在这之前，我曾跟他们说：我并不想在舞台上呈现自己生病的事，既不想有炒作嫌疑，更不想把太多悲伤情绪留给儿子。我想若有一天，我不在了，儿子还可以从视频中看到妈妈。当时，节目组同意了。

现在，他们改变主意。在那个小房间里，他们告诉我，我患病的事情还没有告诉主持人，也就是邱启明欧巴和朱丹老师。但是，我现在的情况这么不好，一会儿在舞台上或许会有突发状况发生，这么一来我有可能在全国观众面前丢脸。他们问，如果发生这种情况，我赞不赞成把我身体状况说出来？

　　那一刻，我做的决定是，假如我真的在舞台上坚持不下去了，那么就把我的故事告诉大家，以完成我在舞台上的完整呈现。

　　果不其然，意外真的发生了。

　　站在舞台上的我，浑身乏力，连说话都难，何况唱歌。一首我从未唱走调的《离歌》，让我当着全场观众，彻底地走调了。舞台上那个披头散发、浑身冒冷汗、脸色发白的女人，还能坚持下去吗？我想罢唱，想放下麦克风，停止这场让人难受的比赛。

　　真的要停止吗？还记得当初来这个舞台的初衷吗？要知道，我当初来比赛，并不是为了跟其他人PK，并不想拿什么名次，不在乎唱得好不好。我只是想能留下一段视频，让峻叔能骄傲地跟他女朋友说：看，那个是我妈妈，章早儿！

　　一场内心较量之后，我带着颤抖无力的声音，坚持唱完。这一首歌的结束，是观众了解我故事的开始。

随着与邱启明欧巴、朱丹老师的对话，观众渐渐了解，原来站在舞台上的这个唱歌跑调的人，是个重症患者，一个单亲妈妈。从此在我身上，便多了这两个标签。

此时此刻，站在我旁边，与我 PK 的选手叫邬拉。在我还没见过她的时候，就听过她的歌声。早在比赛前，她就是一个小有名气的音乐制作人，在不少广告、电视剧主题曲中，都能听到她的声音。

然而，就是这样一个歌唱水平跟我简直是天壤之别的歌手，在听完我的故事之后，做出的选择是：放弃前行。

当朱丹老师问：你是继续前行还是放弃时，邬拉流泪了。听了她的诉说，我才知道原来这个在外人看来事业有成的女孩儿，曾遭遇不幸婚姻。这次来比赛，她是跟妈妈一起来的。她曾希望能通过这个比赛，挽回那个跟她已经许久不见，远在他乡的爱人。她说，我和峻叔让她想起了她和她妈妈。所以她知道，我非常爱我的儿子，她希望我能继续走下去。

说完，我们紧紧相抱。

后来，邬拉在她的微博上，解释了她为什么要选择放弃："好多朋友问我，是什么让我做出放弃的选择，我想告诉你们，因为在章早儿的身上，我见到了前所未有的勇敢和乐观，我真心为她动容，母爱的伟大瞬间充斥着我全身的细胞，我一定要让她走下去，因为我也是我妈妈的主角。"

一场比赛，让我们站在同一 PK 台上，但也因为一场比赛，我们成为朋友。我们相互约定，只要我们活着，我们每年都要见面。后来，她写了一首歌送给我，名字叫作《我是主角》。

如今，这个好朋友也找到了她的幸福。

在《女人如歌》的舞台上，我唱了三首歌：《离歌》《只爱高跟鞋》《亲爱的小孩》。我说，第一首歌是送给母亲的；第二首送给自己；第三首送给峻叔。

三首歌唱完，完美谢幕。对我而言，舞台至此，已无遗憾。就在我准备离开这个舞台之时，一声"章早儿加油！"把我叫住了，紧接着，是响彻全场的加油声。我转头一看，全场观众起立，掌声久久没平息。

至此，《女人如歌》这段美好的旅程看似结束，《女人如歌》将我变成了一个幸运儿，幸运儿另一段美好的旅程才刚刚开始。

因为《女人如歌》，我跟当时跟拍我的欧书健导演，成为了很要好的朋友。欧导说："我平常会拍很多普通人、艺人、明星，但是很少有拍了之后那么多年，仍会联系，还成为很好的朋友。"比赛结束之后，我们还时常见面。他来广东拍片，会专程来东莞看我，唱五月天的《拥抱》送给我。我到湖南，也会到长沙与他相聚。欧导说："我们永远都要做温暖的人。"认识欧导，是我在《女人如歌》上的一个意外收获。

但另一个意外，是我从未想过的。《女人如歌》结束一年后，我在《快乐男声》上，知道她病了。快男的一次比赛结束之时，何老师、汪涵和众多快男一同喊道：洁婷加油！我才知道，洁婷老师病了。我不敢相信，一年之后，这个跟我同年同月同日生，曾经给我自信，让我真诚做自己的老师，竟然病了，白血病。

得知她生病后，我给她发了一条短信：在去年，您给了我一个美丽的舞台，让我大声唱歌，把"主角永远到最后"这句小小的诺言变成世上最动听的情话。今天，我把这句话送给洁婷老师："美丽的您，是许多人的主角，主角定能渡过难关。"洁婷老师加油！

她回复六个字：我们一起加油！

后来，我陆续通过各种渠道关注她的病情。然而，在历经了 700 多天的坚强抗病日子之后，李洁婷老师，永远离开人世。她留给我手机上的最后一句话仍是：我们一起加油！

（参加《女人如歌》时佩戴的姓名牌）

人生中的第一场音乐会

峻叔穿了一件小西装，打着一个小领结，一个胸针别在胸前，头发斜分，略带几分成熟。

我站在舞台上，安静地等他。那晚，我穿了一件婚纱，一袭白裙直到地上，在长长的头发上，戴着一顶皇冠。那是我第一次正式穿婚纱。

他缓缓走来，努力压抑着那稚嫩的声音，当着上千名观众的面，说了一句："妈妈，我爱你！"还是没忍住，我深深地给了他一个吻。

那是我人生中的第一场音乐会。

一

2012年12月16日，东莞玉兰大剧院，一场《女人如歌·早儿加油》的音乐会在这里举行。当晚的主持人，是我在《女人如歌》的舞台上结缘的邱启明老师，我叫他启明欧巴。他知道我要举办一场音乐会之后，便义不容辞地为我主持。当我知道他会为我的音乐会主持的时候，我是完全不敢想象的。曾经，我只能够在电视屏幕上看着他，看着他为一切不公平的人和事发声、呐喊，看着他见证着很多人的美好姻缘。后来，我又在《女人如歌》的舞台

上看着他，看着他像一个铮铮铁骨的汉子一般站在舞台上，柔情侠骨。而现在，他要来主持我人生中第一场音乐会，于我而言，是莫大的荣幸，也是莫大的忐忑。与此同时，朱丹老师、曾经因为比赛而结缘的朋友，都发来祝福视频。

这晚，台底下坐着上千名观众。有的是从外地坐了十多个小时火车，来听这场音乐会；有的是《女人如歌》舞台上的昔日选手，如今好友；有的是我从未谋面，但给我温暖，熟悉的陌生人……

我从来没想过，我会在这么大的舞台上，拥有自己的个人音乐会。

恍然如梦，我想起了小时候。

那年我4岁，跟着妈妈下乡。妈妈是一位戏剧演员，时常要下乡演出。她下乡，我也跟着下乡。她唱戏，我就坐在旁边看着，装模作样地跟着哼唱。

表演间隙，演员要换服装。这点儿空档时间，倒成了我的舞台时刻。趁着演员换衣服，妈妈把我拉上去"充数"表演。站在舞台上，我有模有样地把学过的古诗背了一遍。"鹅、鹅、鹅，曲项向天歌……"。一边背诵，一边还给自己配上几个自创动作，惹得台下观众不亦乐乎。观众欢呼声越高，我越是起兴。

再大点儿，妈妈送我参加了恩施州少儿唱歌跳舞双能大赛。那是建国以来，我们当地首次举办这种比赛。决赛现场，我表演了一个舞蹈，印度舞。印度舞的服装是妈妈一针一线，亲手缝的。服装上有很多铃铛，跳起舞来，"哗啦啦"地响。

比赛那天，我穿着这件挂满铃铛的服装，跑上舞台。这次比赛并没有彩排，不少小朋友站上去，都会有些偏台。但我不，我一跑上去，便能找到最中间的位置，一点儿不怯场。整场下来，下面的掌声不断。掌声越大，我那双眼睛瞪得越大，越发闪亮，跳得越是起劲。

等到掌声响毕，我方才谢幕。最终，我拿了这场比赛的第一名。

第一名的奖品是一个石英钟，很大。我捧着奖品站在台上，脸上露出的却是一副强忍泪水的委屈表情。众人不解。我看着旁边那位获得二等奖的女孩，她的手上，捧着一个卡通娃娃的钟表。那可是我最喜欢的钟表，然而，却在别人手上。领着一等奖的奖品，我回到了后台，"哇"地一声，哭得旁人不知所然。

转眼之间再登舞台，已是二十多年。曾经年少时向往的舞台，如今又成现实。

在这个舞台上，我享受着上千名观众的掌声，享受着跟那些如歌女人一起歌唱，享受着网友不远千里给我送来的祝福……

有人说，都身患重症了，还这么折腾去搞音乐会。

确实，我挺折腾的。

二

生病之后，我比以前折腾了不少。以前，我去过最远的地方，便是这座城市方圆几百公里；现在，我跟着儿子峻叔爱上旅游，每到一个地方，还要给对方写一张明信片。

如今在我的家里，多了上海、厦门、北京等地寄来的明信片，那是我写给峻叔，峻叔写给我的。

我们旅游的第一站，是一个我们留恋至今的小岛。那个小岛，说出来大概人人皆知。它叫鼓浪屿。

我们坐着汽车，一路颠簸二十小时，从广东到厦门，而后乘船前往。路途遥远，不免困顿枯燥。一路的风光与嬉笑，成为我和峻叔消遣的方式。

旅游的快乐，有时并非直抵目的地。旅途中，那一座座连绵不绝的高山，一道道蜿蜒涟漪的溪流，转瞬即逝，却能弥留心间。更重要的是，峻叔总是以"段子手"的身份，创造笑料。

鼓浪屿一年四季人潮汹涌。这座以"文艺青年"聚集地而著名的小岛，小玩意儿特别多，明信片、钥匙扣、彩色笔等，都是我和峻叔所喜欢的。这些东西说来普通常见，似乎在哪儿都有，但不知怎的，同样的小玩意儿，在鼓浪屿却别有滋味。

岛虽不大，一日便可逛了个遍，但我和峻叔总能乐此不疲地找到一些小惊喜。峻叔拿着一本盖章本，每路过一家小店，看到有印章，急忙凑上去，拿起印章就盖。盖完，看看店主，呵呵地带着歉意就走。在鼓浪屿，像峻叔这样挨店找印章的人不少，这也成为游客的一大乐趣。

我的乐趣，在于一个偶遇的猫杯。有着"猫岛"之称的鼓浪屿，随处可见以"猫"为主题的东西，酒店、奶茶、雕塑……让我深深迷恋的，是一个看上去并不起眼的猫杯。这是一个白色的杯子，一只白色的猫缠绕杯身，我称其为猫杯。就是这个可以在杯身作画的猫杯，成为我们的鼓浪屿记忆，默默地记录了我们的变化。第一年，我们在杯身写上一行字：早早、幼幼、峻叔，永远在一起。

那时，我们的希冀是三人永不分离，永远相爱。

待到第三年，在猫杯上，我们写道：早早、幼幼、峻叔、牙牙，永远在一起。这年，牙牙就在我的肚子里，肆意翻滚，拳打脚踢，调皮得很。

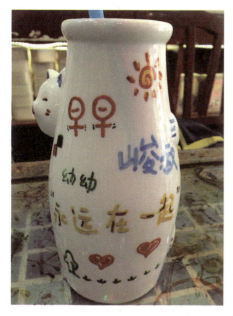

装满奶茶，画满心愿的猫杯，见证了我们的一年又一年。我们约定，每年都要来鼓浪屿，每年都要画一只猫杯。在我家中，仍然有这两个杯子，我想今后，这款杯子，会越来越多，承载越来越多的期望。

有些景点，让人流连忘返，但这个景点，既让我流连忘返，又让我一返再返。

像鼓浪屿这般让我"一返再返"的，还有武汉。除了这座城市极具历史的厚重感深深吸引着我之外，更重要的是，我的妈妈，曾在这出生，在这长大。妈妈去世之后，我就想带着峻叔，走回妈妈走过的路，正如那陈奕迅在歌中所唱：我来到，你的城市，走过你来时的路。

我们在"孤帆远影碧空尽，唯见长江天际流"的黄鹤楼，给彼此写明信片；在"樱花满天飘，游客竞相争"的武汉大学，品樱花糕；在唯独能"数罗汉"的归元寺，一起虔诚许愿；在"万里长江第一桥"的长江大桥，寻找姥爷曾在这站岗的足迹……

友人说，你已经生病了，就不要长途跋涉了。但对我来说，带着峻叔，跟着幼幼一起看世界，远比我躺在病床上更有意义。

三

我也记不清，大概是什么时候开始，家中多了一个电器：烤箱。从这个烤箱里出来的，有披萨、蛋挞等。

作为曾经自称"十指不沾阳春水"的我来说，家里有这个东西，特别稀奇。我妈总说："有一个特别能干的妈妈，就必定有一个不能干的女儿。"自然，我就属于那种不能干的女儿。不会做饭、不会拖地、不会叠被子，在我看来是理所当然的事情，因为万事有妈妈。我未曾料想，我的妈妈会离我而去。自从妈妈去世，我便和峻叔开始了叫外卖的生活。

"妈妈，中午吃什么？"

"你想吃什么，我叫外卖。"

这种对话，每天都在我们生活中上演。直到我生病，我才恍悟，我该给峻叔好好做一餐饭。

我给峻叔做的第一道菜，是他最喜欢吃的咖喱土豆鸡，峻叔一扫而尽。从那以后，中西菜，信手拈来。陆陆续续端上餐桌的，有我最拿手的土豆炖五花肉，还有我最爱吃的培根。

今年，我莫名地迷恋上烘焙，买回来烤箱。我在家中，做披萨，做蛋挞，做点心，做峻叔最爱吃的各种美食。

我告诉峻叔：你的外卖生活，到此为止。

四

以前从未想过我会爱上画画；现在，我随身带着的包里，总少不了画本和画笔。

我和峻叔都很喜欢超级英雄，蜘蛛侠、美国队长、雷神、绿巨人，成为我们争相崇拜的超级英雄。偶然一次，我在一根小木头上面，画了一个小人儿。在这小人儿身上，我给他穿了一件超人的衣服。我送给峻叔，告诉他这个小人儿，是他自己。他就是披着披风的超级英雄。

峻叔非常高兴，把它放在最显眼的地方，每天爱不释手捧着它。它倒了，赶紧立起来；身上有灰尘，立马擦干净。他越发期待我画的每个超级英雄。他的期待，成为我画画的冲动。我开始学着给他画绿巨人、画雷神、画蜘蛛侠，我想着，要画遍所有的超级英雄，送给我的儿子。

一次放学回来，我在他手背上，画了一个蜘蛛侠图案。他"嗖"地一声，立马入戏，扮成蜘蛛侠的模样。去到学校后，他举着手背，到处炫耀，久久不肯擦去。

我所画的超级英雄，成为他每周在学校的期待。画画，也成为我思念他的方式。

每周的寄宿生活，让我和峻叔每周日都变得难舍难分。每次离去，我都会告诉他，在学校一定要乖哦，妈妈给你画超级英雄。超级英雄在家等着你回来。

我希望，峻叔每周回来都能看到新的超级英雄。我知道，峻叔，其实就是我心中的超级英雄。

唱歌、画画、旅游，在常人看来

挺折腾的，在病人里头，更是折腾。但在我看来，这些，都已成为我生活的一部分。

在"折腾"完女人如歌之后，断断续续地，我和启明欧巴有些联系。

然而，2015 年的某日，微博热门话题上，我忽然看到一个熟悉的名字，邱启明？启明欧巴？他怎么了？慢慢地，我开始了解更多讯息。在他的微博底下，有着各种各样的言论。我默默地关注着他，关注着网友的舆论。

在所有的评论中，有一条让我沉思，评论写道：启明哥，不少人会叫他欧巴。2012 年曾见过他。当时他在东莞主持一场公益音乐会，主角是一个身患重症的女人。他没要一分出场费，反倒捐了钱。现在，那个女人成为我女朋友。耿直、刚正，一身正气是我对他的印象。以前如此，今后也如此。

这个评论者，是幼幼。2012 年，他陪着我一起参加《女人如歌》。后来，他参与筹划我的音乐会。那次音乐会，为启明欧巴沟通日程、订购机票的，就是他。那时，他还只是一个普通的实习生，而启明老师也并不知晓他。那是幼幼和启明欧巴的唯一一次接触。我没有告诉启明欧巴，后来，这个小男孩，成为了我的小男友，再后来，他成为了我的丈夫。

当我看到幼幼的这条评论时，我非常感动。那一刻，我忽然觉得，这个男人，我没看错。我也想告诉启明欧巴：你曾经说，希望我能找到一个与我携手共老的男人。那个男人，我已经找到了。

这件事情，或与网络暴力有关，又或者无关。但我知道，那个我认定的人，尽管他不是每件事情都做到一百分，但他终究是我认定的那个人，他依然是那个为我鼓劲加油，关心我、呵护我的欧巴。

2017 年 1 月，成都，启明欧巴因为工作原因，得以与《女人如歌》的几位旧友相聚。我不在现场，听得几位老友说起，启明欧巴问起了我的情况，知道我嫁了人，又生了子，特别为我高兴。而当我得知这一切时，虽不在现场，却也倍感温暖。原来，有那么一个人，我虽不常见面，却常常远念。我默默地通过微博了解他的一切，默默地关注着那个一直努力帮助孩子的欧巴。或许，在很多孩子心目中，他远超一个主持人，而是一个无法代替的欧巴。

那些逝去的癌症病人

我的母亲曾跟我描述癌症病人的痛苦：升白针一针打下去，就像是一千只蚂蚁钻进你的血管里，你恨不得抓破你的皮肤，把手伸进血管，将它们一只只抓出来。然而，万般无奈又痛苦煎熬的是，你的双手却只能一动不动。

◎ 熊顿

我知道熊顿，是在天涯论坛。那时候，我还没生病；那时候，她的故事还很激励人心。在论坛上，她开出了漫画连载帖《滚蛋吧！肿瘤君》，用一种诙谐、幽默的方式，调侃她的疾病。

她患的，是一种名为"非霍奇金淋巴瘤"的癌症。这个在常见恶性肿瘤中排名前十的癌症，在一个清晨，以嚣张跋扈的姿态，宣示它的存在。而这一切，在她笔下，却变成了这样："2011 年 8 月 21 日清晨，我病了，刚起床走到房门口就轰然倒下，口吐白沫四肢抽搐，完全不省人事，并且……全裸！"

与听上去既陌生又恐怖的专业名词不同的是，熊顿把这场改变她一生的疾病，描述得让人哭笑不得。

这"全裸"式的轰然倒下，仅仅是开始。在接下来与癌症抗争的日子里，胸腔穿刺、渐渐浮肿的面部、会掉光头发的化疗、痛得让人要骂粗口的消肿针……这些常人难以忍受，几乎每个癌症病人都得承受的苦痛，经她笔头一画，变得不再沉重，却也多了几分心疼。

我的母亲曾跟我描述癌症病人的痛苦：升白针一针打下去，就像是一千只蚂蚁钻进你的血管里，你恨不得抓破你的皮肤，把手伸进血管，将它们一只只抓出来。然而，万般无奈又痛苦煎熬的是，你的双手却只能一动不动。

这是每个选择化放疗的癌症病人会遭受的苦痛，这苦痛，熊顿又何尝没有遭遇过？她怎么能把癌症所带来的苦痛，这么轻松地描述出来呢？

要知道，癌症病人的痛苦是常人难以理解的。正如我在患病之后，曾一度抗拒跟别人说起我的疾病。我心想，你又没有承受过这种痛苦，我为什么要跟你说？你又怎么能理解我的痛苦呢？

熊顿，用一本漫画，告诉我们：我愿用微笑为你赶走这个世界的阴霾。

2013 年，在我患病之后的第一个新年，幼幼送给我这本漫画，《滚

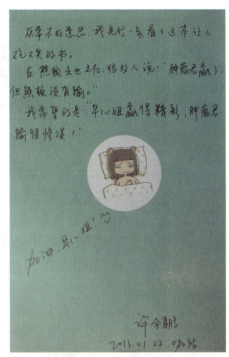

蛋吧！肿瘤君》。书中夹了一张卡片：早儿姐，匆忙之下，送这本书给你，不
为别的，只想如卡片上那句话"我愿用微笑，为你赶走这个世界的阴霾。"今
天是 2013 年的第二天，我也迈入了 22 岁，在这个很二的时代，希望我还能
以很二的姿态，让你欢笑，驱走病痛。在你的人生舞台上，我或许只是一个
蜷缩在某个角落的观众，但我依旧真心倾听你的故事，为你喝彩。

　　他并不知道，在几个月前，2012 年 11 月 16 日，一个再平常不过的晚上，
熊顿的微博，发出了一条消息："项瑶（熊顿本名），我们亲爱的熊顿，已于
今天 17：25 离开。感谢这么长时间以来大家对她的支持与关爱。愿她在天堂

还像以前一样快乐，安好。"

三年后，她的故事被改编成电影——《滚蛋吧！肿瘤君》，票房大好。但至今，我仍未看过这部经改编的电影，尽管电影中，有我心驰神往的男神。

◎ 姚贝娜

姚贝娜去世的那个下午，我一个人在家里。幼幼发来一条短信：姚贝娜去世了！那天，一位网友给他发了一条私信：姚贝娜走了，早儿一定很伤心，请一定要好好安慰她，不要让她太难过，会对她身体不好。

在这前一天晚上，临睡前，我已从新闻上得知她病危的消息。那整整一晚，我因此彻夜未眠。看到"深度昏迷""器官衰竭""脑转移"这样的词语，我很熟悉。2011 年 11 月，这些词语，也曾用在我母亲身上。

我很难将那个努力唱歌的美丽女孩，和这些词语联系起来。曾经的她，唱了一首我认为不会被超越的电视剧主题曲《红颜劫》，我想，再也没有一首电视剧主题曲，能这么好听。

后来，在 2013 年《中国好声音》的舞台上，一首《也许明天》，让我再一次关注这个短头发、干净利落的女孩。2012 年 12 月，玉兰大剧院，我的个人音乐会上的最后一首歌，唱的也是这首《也许明天》。

两个都曾经历过癌症的人，唱着同一首歌，仿佛是惺惺相惜，在相互依偎。正如歌中所唱："也许明天，还有你，陪我走过，潮起潮落。"

后来，在一本杂志封面上，她全裸出镜，一条红丝带掩盖住她左乳上那个永久性的疤痕。她说："这是属于自己的荣誉勋章，它记载了我的经历，不是每个人都能够拥有的。"揭开自己的伤口，带给别人力量，姚贝娜的乐观、坦然，是常人所难以匹敌的。

乐观和坚强，终究难抵病魔。在一片惋惜之中，姚贝娜，还是离开了人世。而她的离世，却仅仅是在一瞬间。忽然而来的病危，忽然被送进 ICU，这些场景多像几年前的母亲。我的母亲，前一天还在逛街，后一天就深度昏迷，被宣告病危。

其实生与死，仅在一瞬间。只能将惋惜和悲恸，留给后人。

◎ 于娟

在她去世后，那本《此生未完成》才得以面世。在看这本书之前，我对她的了解，仅知她是一个高才生，在与癌症抗争。当我慢慢地看她作为一个母亲、妻子和女儿，写下的生命日记时，我忽然觉得，她离我很近。

我们常常以为，病急乱投医这种事情不会发生在高学历人士身上。于娟，在她把曾经轻信病友，差点丢掉性命的事情揭露出来时，我长舒一口气。

在我妈妈生病之后，我几乎处于一个病急乱投医的状态。我不停地找各种方子，以期治好妈妈的病，中医、西医，全部找了个遍，各种抗癌药物，几乎都想一一买了过来，也不管这种药物是否有助治疗，是否会出现其他副作用等，以至于到最后，妈妈去世了，我家里还有一堆抗癌的药物。

于娟书中描述的癌症病房，我深有体会。那是一个没有一点儿生机的地方。很多病人的眼神里，尽是空洞，病房的窗是不能够全部打开的，因为医院防止病人想不开，从窗户上跳下去。我爸看了病房，笑称：如果病人想死，窗户关得再紧都没用。

绝症病人的痛苦，外人永远是难以理解的。所以如果当一个人跟绝症病人说"我能理解你"时，病人内心是充满不屑的。骨髓穿刺、化放疗，不停地上吐下泻，发高烧，癌症患者的每一天都是煎熬的。妈妈曾经形容化放疗后的感觉，就像一千只虫子在你的身体内爬，你很想把它抓下来捻死，但你却无能为力，任凭它们又痒又痛。

这本书的封面，写了一句话：我们要用多大的代价，才能认清活着的意义？这话，对于于娟而言，尤为沉重。这个外人看来光芒四射的女人，是很多人都难以企及的。她拥有着令人垂涎的高学历，出国留学后，又回校任教，有着爱她的丈夫和儿子。看上去，这是一个令人羡慕不已的家庭。但癌症的来临，打破了这平静的幸福。

很多时候，我们认为活着的时候，就应当追求功成名就，追求名利双收，追求财源滚滚，但只有面对死亡，我们才能认清生命。活着的意义，并非家财万贯，而是拥有一个和睦的家庭，一个健康的身体。可惜的是，直到病了，我们才明白这一道理。

◎ 郭言

她叫郭言，她的年龄，永远停留在 5 岁。初次见她照片，右眼睁得很大，左眼闭得很紧，光头，笑容满面。

那段时间，在我朋友圈里，尽是有关她的文章和照片。我一点点地，了解这张童真无邪的笑脸背后的故事。

2014 年，郭言在广州被确诊为患上"眼癌"。两天后，她的左眼球，被摘除。她原本又大又亮的双眼，只剩右眼，依然又大又亮。眼球被摘除后，她的妈妈告诉她："是上帝把你的左眼蒙住了而已。"

患病之后，她自称是"小巨人"，这缘于她和母亲的一段对话。

母亲问她：困难是什么？

郭言答道：困难是一个大巨人，想砸扁我们。

母亲再问：那你会被砸扁吗？

郭言调皮地说："不会，因为我是小巨人，可以爬到大巨人的头上。"

"小巨人"大概没想到，左眼球被摘除后，她的困难才刚刚开始。在第二年暑假，癌症复发。她的母亲到处疲于奔命，寻求治疗。终于，她联系上美国一家私立医院，但 800 万元的诊疗费，让这一家人再一次陷入困境。

后来，郭言的故事通过媒体报道，引发关注，于是也就有了朋友圈里尽是她的这一幕。短短十天内，他们终于募集到 200 万元。

希望，在一步步靠近。

险峻，却悄无声息。

就在他们准备去美国治疗时，郭言无声无息地倒下，怎么也没有醒过来。2015 年 10 月 20 日，在与癌症抗争了一年多之后，郭言，永远闭上了那只又大又亮的眼睛，再也没有醒过来。

留给世人的，仍然是她一只紧紧闭着的左眼，一只睁得无比大的右眼，光头，却笑得灿烂。

熊顿、姚贝娜、郭言，每一个癌症病人的去世，对我来说都是一次莫大的打击和恐惧。那些看起来坚强的、乐观的、美好的癌症病人，忽然有一天，以死亡的方式，告别这个美好的世界，告别这世间的美好。

他们去世的那些晚上，我不能入眠，我深夜痛哭。大抵，是因为他们曾经作为一种希望、一种前行的力量，顷刻之间，破了、碎了。反观自己，我也曾经被贴上"坚强""乐观"的标签，给了人们希望和力量。

我不敢再往下想。

我想起死刑犯。有人说，他们最痛苦的时候，不是死亡的那一瞬，而是临刑前的二十四小时。有人曾做过这样一个实验，将一群死刑犯绑在椅子上，双手被死死地绑起来，动弹不得，双眼被蒙蔽。他们被告知，他们的手腕动脉将被割断，血流不止，慢慢因失血过多而死。地上，响起"滴……滴"的声音。一天过后，这些被蒙蔽双眼的死刑犯，不少死在椅子上。

然而，实际上他们的手腕并未被割破。在他们身旁，放着一个水龙头，这一点一点往下滴的，不是血，而是水。造成他们死亡的，不是失血过多，而是恐惧。

幼幼问："你后来是怎么克服这种恐惧的？"

我答道："我从来没有克服过。"

最爱明信片

我向来喜欢明信片，兴许朋友都知道，所以无论是生日，还是去学校演讲，他们都会送来明信片。自然，家中也满满当当的一抽屉，尽是从各地寄来的明信片。

我曾在一档节目中说起一个小故事。那年，峻叔只有 6 岁。我常常因为上班，白天没办法陪他玩。忽然一天，我在办公室，收到一张明信片，居然是峻叔从家里寄来的。天哪，我的家离单位，仅仅一公里左右。明信片上，他画了一幅画，上面写着：妈妈，我爱你。一横一竖之间，满满的幼稚。节目中，我笑称，这样有些矫情。

我和峻叔之间，写了不少明信片。更多时候，是我用各种名义，让他为我写。圣诞节、新年、母亲节、生日，在各种琳琅满目的节日里，我会收到他给我写的各种明信片。有时候，是简单的一句：妈妈，我爱你。有时候，是甜蜜的情话：写完这封信，我怎能躲得过你十八个吻。

旅游途中，互相给写明信片也成为我们独有的乐趣。在 家小店里，我们坐上一下午，在那挑选合适的明信片。挂满墙的明信片，风格迥异，富有标志性的景点，手绘的漫画，一句温暖的情话，在这些明信片中，我们慢慢

地欣赏、挑选它们。

　　选好之后，我们背对背坐着，他不能看我，我也不会看他。当然，我最终还是会偷偷瞥他一眼。写好之后，便开始期待，很希望明信片能快点寄到家中，期待收到明信片的那一刻。不过，它总是会在我期待过后，不经意的时间点，送到我面前，惊喜万分。

我是一个有明信片情结的人。我喜欢明信片，喜欢友人为我送明信片。明信片上，一个个手写的文字背后，是一个个写着喜怒哀乐，有血有肉的人。有的人，写得工工整整，有的人，写得东倒西歪。通过他们的字，看得出他们或开朗，或乐观；字里行间，或嬉笑怒骂，或温文尔雅。这些明信片来自不同地方，湖南、湖北、四川、南京、北京，及韩国、新西兰，它们用邮戳的方式，证明它们来自哪里。

写明信片时，或许都有这样一种感觉，拿着笔，想了许久，不知该如何下笔，写些什么。最终，我们写下的，是经过深思之后的情感。明信片，成为一种情感的寄托。那些文字，是期望，是祝福，是朴实的文字，是真实的情感。

来到一个地方，为你写一张明信片的人，会是那个挂念着你的人。他不为别的，他曾经来到这座城市，坐在一家店里，为你写下他的期望和祝福。他希望，他正在经历的这些，他所在的这座城市，也有你的足迹。明信片上的邮戳，证明我曾在这里，写下这段话。

一位通过网络认识的90后的女孩儿，还在武汉读书。她通过一档节目认识我，通过网络，我们相识、相见。我们在彼此的城市里生活着，几年间，她一直为我写明信片。我见证着她读大学、考研。偶尔一个电话、一张明信片，我们知道，彼此的生活都挺好。

几年来，那些我或见过一面，或未曾谋面的朋友们，为我送来明信片，简简单单几行字，轻描淡写的祝福，我却能为此欣喜万分。

我曾把我所作的画，制作成一套明信片。在一场高校演讲中，我把自己制作的明信片作为我的礼物，送给那些青涩面孔的学生。我不知道他们是否会喜欢，怯怯地送给他们，想不到他们竟这般喜欢。后来，每一场高校演讲时，都会送些明信片给他们。作为回馈，他们也纷纷送了明信片给我。看他们送的明信片，成为我的乐趣。

我默默地收藏着每一张给我寄来的明信片，就像是在收藏一段时光。每一张明信片，都承载了一段难忘的回忆。明信片渐渐泛黄，回忆却是越忆越深，就像一首老歌，歌声响起，那些年的回忆随之飘来。

收到信我笑容满面

在那段难熬的日子里，我收获了许多朋友，他们用文字给我加油打气。每天睡前或是醒来，我便开始有了期待。即便是在寒冷的冬日，也再不会有慵懒不想起床的日子，因为总有那么些温暖，就突然包围着我。无法一一感谢那些曾把美好带给我的人们，唯愿我所有未曾谋面的朋友们，一生平安、幸福！

没有什么可以把你打垮——王诗珣

早儿：

你好吗？这是第一次给除了父母之外的人写信，可能写得不好，请见谅，但绝对句句是肺腑之言。

看见你是在《女人如歌》的舞台上，当时碰巧我回家没事干就看电视，就是这样了解到了你的故事，打动我的不是故事而是你的坚持与勇敢，邬拉说她的放弃是因为在你身上，见到了前所未有的勇敢和乐观，同样我也深有同感。如果站在舞台上的是我和你，我也会选择放弃，因为是值得的，虽然你最终没能取得最后的胜利，但对你来说已经是成功，因为三首歌唱出了你的心声，所有人为你动容，可是当邬拉退出时，你哭了，你不懂埋怨只懂感恩，这样的女人，让人怎么不爱？

说实话，我也好爱你，也不知道为什么，莫名的亲近与欣赏，一直不知道你是湖北的，我也是，我是湖北襄阳人，目前在武汉一所不知名的学校上着学，在这不禁说一句：老乡，加油！

今年我已经21岁了，看见你在30岁有个8岁的儿子，不得不说我的经历的确很少，我曾问父母为何我这么大了还不够成熟，他们说我太幸福，或许吧，父母虽然不能给予我过多的物质财富，但他们让我感受到了爱与责任，我这辈子最大的愿望不是财富的积累，而是我爱的人与爱我的人幸福健康，我也希望你早日康复。我们坚信只要够坚强，就没有什么能把自己打垮！

早儿，我喜欢这样称呼你，因为这样也觉得自己是你的朋友，不知道你能否接受我当作你朋友？我姓王，全名：王诗询，在微博上私信给你，我折了千纸鹤送给你，这1000只千纸鹤承载着我满满的心意，1000只代表可以许一个愿望，愿你健康，更加勇敢！

早儿，你的儿子让我重新品读了对一个孩子的见解，他是那么独立，也是那么勇敢，更是那么爱你，但早儿，孩子终究是孩子，他没有大人那么坚强，他过早的成熟，让我心疼。他还是个孩子，却遭受了这么多的事情，我觉得你允诺他的事要做到，至少陪他到18岁。

早儿，愿你和你爱的男人要互相珍惜，衷心祝福你们幸福！

王诗询

2012—11—24

王诗询后来成为了我生活中的好朋友。在2012年12月16日，我在东莞举办了自己的音乐会，王诗询坐了十几个小时的硬座火车，来到现场给我加油打气。2013年5月，她给我寄来了42张卡片，里面都是我的心情，你的祝福。陪我悲喜，给我加油。她让我觉得自己那么重要！卡片是王诗询收集的全国高校明信片，她说，让峻叔看看这些学校，让我再感受青春时光。最后一张卡片上写着：天涯海角，唯愿君安。我亦如此，愿能再见你。现在，我们依然会常常联系。

千纸鹤的祝福——张雨枫

早早，这1000多只千纸鹤，代表着我对你的1000多个祝福。红色代表吉祥，白色代表纯洁，蓝色代表宽广，绿色代表生机，黄色代表温暖。1000只纸鹤能许一个愿，所以当你看到后许下一个美美的愿望吧！同时也祝你的病早日康复，还有那个音乐盒，希望你能把你的歌声继续着唱下去，因为你的歌声给了我无限的正能量。

早早，我每天都会为你加油，你不是一个人，我们永远在你身边。早早，我一定会成为一名医生，因为你给我的正能量无穷大。现在我高一，三年后，当我考上医科大后，我想来东莞看你，你会见我吗？不过我还是不会打扰到你们生活的，爱你们！

收到雨枫寄来的快递时，一打开，眼眶开始湿润，随后，找到快递单上的电话号码，毫不犹豫地拨了过去，我知道，即便是晚上10点，他能接到我的电话，仍然会开心。在电话里，他告诉我，他也是单亲家庭的孩子，随爸

爸。今年16岁，高一，他的梦想是当一名医生。当时，我给雨枫写了一封回信，我告诉他，我会好好照顾自己，在东莞和峻叔一起等待他，等待他成为一名优秀的医生。2013年暑假，我见到了雨枫，他是一个180厘米个子的大男孩，我带着雨枫和峻叔，一起吃了雪糕，一起拍了好多搞怪的照片。

2017年大年初六，我和峻叔在丽江，再次偶遇了雨枫。他长大了好多好多，峻叔因高原反应待在医院输氧，雨枫陪伴了我们3个小时。我发了一条微博：我常常在高校的演讲中提起一个男孩，那年他16岁，写信给我说要成为一名医生，让我加油，说希望所有的人都能远离病痛。很巧我们在丽江相遇，他告诉我，他今年21岁了，在医学院上大学。并且，他骄傲地对我说，现在他可是一名实习小医生。他叫张雨枫，是我永远重要的朋友。

相见恨晚的情谊——费敏

一开始，她只是一个网友，一个普通的网友。我的每一条微博，她都会留言，峻叔的每一个动态，她都会关注，我身边的朋友发微博，她也要评论。日复一日，我开始关注这个每一条微博都要评论的网友。

后来，我和她聊上了。她，成都人，现居住在新疆乌鲁木齐，一个再婚妈妈，有着一个正处于青少年期的儿子。

原来，她的经历和我的多少有些相似。我们聊的东西越来越多，关于爱情，关于育儿。在我那段非常低落的时期，她每天都要给我一通电话，安慰，陪伴。

我们的第一次见面，是她过来了。从成都，一路驱车过来。第一次见她，我有些诧异，与我想象中的不一样，她很瘦，有些小。这一次来，她给峻叔送了一个礼物，峻叔落泪了。峻叔说，他没有哭，是高兴。

我们的第二次见面，仍然是她过来，依然是开着车，从乌鲁木齐，到成都，再到我老家。她终于见到我的姥姥姥爷。姥姥见到她来了，特别高兴，一直追着问：你是从哪里来的？怎么认识彼此的？

偶尔，我们会生气。这事，通常发生在我有一段时间没有消息的时候。

她着急地打来电话，质问：为什么这段时间都没有消息了？我哄着说：我们会常常联系的，你是我非常重要的朋友。

她就像是一个女生，一个小女生，需要被人哄着，被人疼着。写到这，我忽然意识到，如果，我写她的字数不够多，她会不会生气：哼，你怎么把我写得这么少？

如果这一段被她看到了，我会回复道：敏，你依然是我非常重要的朋友。

一套床单的情惴——天哥麻麻

前几天，天哥麻麻给我发来一条短信，我感动了很久：

想起曾经，我们刚认识是通过微博私信，经常发早安、晚安。终于有一天，你回复我了，就这样有了电话、QQ、微信，偶尔会聊天。我记得打过一次电话，激动了好久，就这样，我存下了早儿的名字直到现在。知道你跟幼幼谈恋爱，再到后来你告诉我你怀孕了，我激动得眼泪掉了下来。

也许是因为你的身体有所好转，我的关心也少了，还有天天忙，后来朋友圈天天刷屏。反正，总之一句话，我很爱你，永远，我想要你永远健康。未来的某一天，我一定会来到有你的地方与你相见。因为你是我们大家的主角，所以我愿意永远陪伴你左右，做你的配角。只愿你健康、幸福一辈子，因为你是独一无二的早早。

正如她所说，我们的初识，也是在微博上。她时常要给我私信，给我留言，就这样，我开始认识了她。她叫天哥麻麻，也是一个母亲。

一天，她说她要给我送来一套床单。我说不好，不能让你破费。她坚持要送。我说为什么。她回答道：你一个人，当你盖着我送给你的被子时，就好像我在你身边。这样你就不会孤单了。在那个被单上，印着好多个"早"字。她知道，那段时间，我再一次失去爱情了。直到现在，我们仍然没有见过彼此。我也坚信，未来的某一天，我们会很奇妙地相会，我期待着。

愿所有美好都守望着你——琬小婷

HI，早早，峻叔：

终于可以和你们联系上了，激动啊，哈哈哈。

我是婉小婷，女，24岁，单身（模仿峻叔微博简介，算侵权不？哈），大学毕业一年多，学的是新闻报道，本该和早儿姐一样做个记者，可本人不务正业，脱离了新闻轨道跑偏了，现在是个小文案，哈哈。

好了，自我介绍完毕，亲爱的朋友们，这两只大象是自己DIY的，大象是早儿姐，小象是小峻叔，上边都有想绣名字（峻叔的在小象的PP上），大象寓意着吉祥如意，希望它们守护你们，永远平安，幸福，一直一直在一起，大手牵小手……

第一次在《女人如歌》看到你们的故事就被深深触动了，你们的乐观、坚强充满了正能量，有了爱，什么困难都不难了，有爱就有希望，早早和峻叔的小幸福，那么真实那么美好，你们都是生活的主角，在这部剧里，你们会一直幸福地走下去，我们这群忠实的观众，每一天都会守护你们的故事，"早儿加油"这会成为一种习惯。

　　勇敢懂事的小男人峻叔，你也要加油哦！好好长大，好好陪妈妈，等你长成大男人的时候，就换妈妈当你的宝贝，大宝贝小宝贝永远不分开。

　　所有美好的庇护都守护早儿和峻叔，病魔君快快走开，早儿姐姐快快好起来，加油！婉婷一直一直爱你们，等有一天有机会到你们的城市，我一定一定会去看你们，我还想用我的镜头记录下属于早儿和峻叔的小幸福，也欢迎你们来我的城市，美丽的浙江！

　　加油早儿，爱你！

琬小婷
2013-01-09

一针一线织起的温暖——长荣

给亲爱长荣的回信：

那些艾条和信件，我都收到了。你小心地包裹了好几层，它们都完好。

你一针一线做了布包给我，用来包裹放置艾条的小铁盒。你在信件里告诉我，因为你怕我被烫到。

小的时候，因为妈妈太宠爱，我一直都比较娇气。天冷的时候，我一定要妈妈为我加上一个热水袋才会去乖乖睡觉。那个时候，妈妈每次都会用一个布袋将热水袋包好，并且跟我说："小心烫到。"

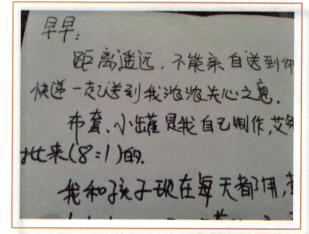

这一刻，熟悉的感觉包围着我。我会小心点好艾条，并且不被烫到。你在信件的最后留下了你的地址还有电话号码。你告诉我："把地址和电话都留给峻叔，有一天他若需要，我会助他。"

除了表达深深的感激，在这里，真心地希望你能够健康，带着你的小天使，幸福快乐地生活。

给我寄艾条并且亲手做布包的妈妈，来自山东，我的外婆也是山东人，十几岁到武汉生活，可是直到现在，都说山东话。她常告诉我，山东乳山，那是最美的地方。

另外，这位温暖又细腻的母亲，她的字很好看。

我会一直挂念你——姗姗

致 18 岁的姗姗：

你的日记和给我的光亮的灯塔都已收到！灯塔在我的办公桌上，白白的高高的，很好看。很喜欢你画的早早，即便她的下巴真的比我尖。你从 11 月 9 号开始写的日记，点点滴滴都是动力。噢，还要回答你最后问我的问题，18 岁和 30 岁，也可以是好朋友。嗨，姗，我是早，很荣幸和你做朋友！

2015 年平安夜，姗姗发了一条微博：

那年我 18 岁，今年我 21 了，我把你的联系方式弄丢了，换了手机全部都不见了，但是我却记得我说过让你等我，我一定会去。记得那天很冷，我在学校给你打了电话，你说你们那还好不会很冷，要我多穿衣服。

见到姗姗的微博，我回复了她：早儿姐一直都在这里，你要乖，我会一直挂念你。

每天道"晚安"的小孩——布兰基小镇的腊八粥

每一天，她都要在微博上，和我道晚安，说着白天的喜悦或忧愁。她说，她喜欢叫我桃子姐。她叫"布兰基小镇的腊八粥"。有一部小说，迟子建的《布基兰小站的腊八夜》。因为之前我们设置了私密聊天，因此大部分聊天记录已经被自动删除。以下，为我和这位名为"布兰基小镇的腊八粥"的小孩之间的晚安语录。

布兰基小镇的腊八粥：桃子姐我告诉你哦，好神奇的！我刚刚打出来我不会设置私密聊天，想发表情然后不小心点到这个时钟式的东西，结果我！！！就！！！！知道了！！！！哈哈哈哈哈哈哈哈！！！今天好像有点晚了，死命看剧中，好好看哦。还有，今天打疫苗被同学笑话了，因为太害怕！！！！果然人生中总要有点奇怪的死穴哈哈。晚安我的桃子姐！

桃子姐：打疫苗一定一定要先看下日期哦；每次我给宝宝打针前，都要求先看一下盒子……亲爱的宝贝，早安！

布兰基小镇的腊八粥：耶耶耶，桃子姐晚安！今天很高兴，我昨天还做了梦，梦到被追着打疫苗，不过逃脱了哈哈哈哈哈哈哈，嘿嘿嘿我是亲爱的宝贝！

布兰基小镇的腊八粥：今天很晚了啊桃子姐，我去找了我喜欢了很久的学长，谈不上喜欢，一见钟情的感觉吧。没想要结果，就是想告诉他我是谁，这样我以后就不会躲躲闪闪的不和他打招呼了。可以像和其他学长打招呼一样和他问好。可是我去找他的时候，和我任何预想都不一样，他不是我以为的他。对话太压抑。不是我想的氛围。这次见面很尴尬地结束了。我本来以为自己肯定要难过到要死，但是我一点也不想哭，虽然心情也不轻松。不知道为什么，桃子姐你知道吗。晚安！

桃子姐：每个公主，总要先遇上那么几个青蛙，王子还在等你，你要每天快快乐乐的！

布兰基小镇的腊八粥：桃子姐我们班实践课去了"黑暗中的对话"去体验盲人世界。感触真的很多很多。不知道你有没有去过，如果有时间也可以带着峻叔去哦，很棒的一个地方。我不透露太多哈哈，晚安桃子姐！

桃子姐：好的呀，谢谢小孩分享！

布兰基小镇的腊八粥：谢谢桃子姐，原来爱胡思乱想，现在觉得真的不再去想了，还是说出来好啊不用藏着掖着了。哈哈哈，么么哒，晚安桃子姐！

桃子姐：你好乖，宝贝！

布兰基小镇的腊八粥：今天发现时间过得太快。看到同学发的今年高考的捷报，觉得时间好快，明明去年自己还是它的一部分呢。我再也不是小鲜肉了，我有点难过。桃子姐晚安哦！

布兰基小镇的腊八粥：成都最近的雨一直下不来呢！觉得天空闷闷的，要被大雨压死了。今天下了点，就一点点。来也匆匆去也匆匆，然后没带伞，我们同学几个就准备狂奔，结果陆续跑下台阶，觉得镜头要慢速度处理了，什么青春的背景音乐就该响起了。结果还没笑到高潮，雨停了。嘤嘤嘤，好像个傻子哈。你的青春一定也很美，晚安桃子姐！

桃子姐：我的青春是有遗憾的，因为没有在最好的年华，谈一场恋爱。所以，小孩不要错过哦，嗯，我家峻叔，也不要错过……

布兰基小镇的腊八粥：我……我……我好羞羞，还是想碰到喜欢的呢。看样子还没有耶！峻叔那么棒肯定不会错过啦。听桃子姐的，我也会满怀期待地等对的人出现，不过这个是后话啦，峻叔的暑假应该已经来了吧？一家四口的小日子过起来啦，桃子姐，晚安！

布兰基小镇的腊八粥：想问桃子姐手绘是自学的还是怎么的来着？超爱手绘的，还有哦今天成都终于有了场雨！晚安哦，桃子姐。

桃子姐：我是自学的哦，就是喜欢看一些有手绘的书，然后就自己涂涂涂，嘿嘿！

布兰基小镇的腊八粥：我也是，不过没桃子姐原创性高耶，只能比较粗糙地临摹，不过也能感觉越画越熟练来着。明天要考我最怕的数学了。发现抱佛脚看的都忘了果然是死穴，桃子姐你有没有偏科啊？晚安！

桃子姐：亲爱的宝贝，我好喜欢你！每一次看到你的留言，我都好高兴！乖，晚安！

布兰基小镇的腊八粥：好开心，因为你喜欢。亲爱的桃子姐，我也喜欢你。晚安。给你一个隔空抱抱！

布兰基小镇的腊八粥：越来越大意了，越来越大意了！在收拾军训的行李，是今天，今天就要去军训了！不知道还能不能正常地和桃子姐你说晚安，因为手机不能充电！但是今天，桃子姐晚安！

布兰基小镇的腊八粥：很热。山里蚊子很多而且特别大，手机不能充电。大家住在大仓库里，厕所很少，洗漱的地方很少，没地方洗澡，不过还是能苦中作乐，爽身粉呀什么的你拍一点我拍一点，时间很紧，但是我觉得还不错哦桃子姐，明天开始正式军训，桃子姐晚安！在大山里也爱你！

桃子姐：要好好照顾自己，注意防蚊，注意防虫，注意防暑，注意安全！最最重要的是，每天都要高兴，乖，爱你！

布兰基小镇的腊八粥：好爱桃子姐！放心我很好。也会很开心，你也是。每天都要开心哦！今天还是有晚安！

布兰基小镇的腊八粥：桃子姐，今天下了一天的大雨，没怎么训练。大家一起学唱歌。就是奇奇怪怪的虫子太多，晚安哦桃子姐。

布兰基小镇的腊八粥：桃子姐，最近开始不舒服了。明天准备申请去医务室，南方都在下雨，不知道你那边有没有下。注意安全哦。晚安桃子姐。

布兰基小镇的腊八粥：来军训这么多天。爸妈每天都会打几个电话，我却一个也不接。桃子姐你帮帮我，我不知道自己到底怎么了，又为了什么。现在还有理由，可以让姐姐帮我说是军训呢不用手机，可是我再这样下去我怕到军训结束我都不会接电话。我到底怎么了？晚安桃子姐。

桃子姐：亲爱的小孩，为什么不想接电话呢？如果我有这么可爱的女儿，在外面军训我担心死了，肯定也会变成啰唆的"麻麻"……前几天峻叔就去军训了，不过他会打给我的，每天偷偷打个电话来报平安，不然我在家会担心得吃不好睡不好……

布兰基小镇的腊八粥：我知道爸爸妈妈会担心我，但我不想接电话。我不知道怎么了，原来是每两天都要通电话。可我现在不想接了，第一次不想接之后，再也不想接了。我心里怕，我怕他们同情我，不知道为什么要说这句话，甚至于我不明白这句话什么意思。我开始像原来一样了，刚上高中那会儿，我进了最好的奥赛班，却在班级倒数。被苛刻的老师骂，爸妈开始跑学校，为了从来都是引以为傲的我去求老师，那时候的我不想回家，不愿意和爸妈说话，一张开口就哭，吵架，我心里明白，我不想让他们同情我。不知道这样想是不是对的。军训前，我向妈妈多要了生活费，虽然他们说过不够就要，但觉得很愧疚。觉得自己很没出息。后来告诉他们不给他们电话了，我要去军训。

布兰基小镇的腊八粥：桃子姐，我是不是没有你想的那样好了，对呀，我原来是这样的啊。不用担心我哦，我会找办法解决。晚安桃子姐！

桃子姐：你仍然是我想象中的那个好小孩，放心。我呀，也曾经有过跟妈妈任性和幼稚的时刻，那个时刻过去后，我就长大了，晚安，小孩！

布兰基小镇的腊八粥：我知道你每天工作和照顾家庭的时候还要想着回我微博一定很辛苦。真的很谢谢你桃子姐。这边大风也停电了。黑漆漆的还能听到路过的巡逻的教官一步一哼的歌声，这边天气不怎么好，昨天算是第一个大太阳，因为西南地区一个领导要来，大家晒了一下午太阳，到六点领导过来待了两分钟，不过是让我们坐着的，有人中暑也有晒得很严重的，后来很多人都在吐槽都在骂，我很不能理解，即使领导不来，大家还是要军训啊，可能训练强度更大点，可是因为有了这个理由，本来应该是集体抱怨天气变成了集体抱怨教官。觉得大家好可笑。桃子姐。好爱你。

布兰基小镇的腊八粥：今天中暑没控制住哭了有点丢脸，晚安桃子姐！

桃子姐：这几天我很难过很内疚，我的两个宝贝都生病了，我在认真照顾他们，希望快快好起来……亲爱的小孩，你也要好好的，乖，晚安！

布兰基小镇的腊八粥：希望能快点好起来，桃子姐你也不要太辛苦，也要照顾好自己啊！我也会每天好好的，谢谢你桃子姐，不会放弃我，晚安！

桃子姐：亲爱的小孩，我这几天都在没日没夜地照顾宝宝，所以没有来跟你说话。但是，每晚看到你的消息弹出来，我是非常非常开心的，么么抱！

布兰基小镇的腊八粥：宝宝还是没有好吗。桃子姐你要注意休息啊！做妈妈真的很辛苦。刚回来一天，在很多方面，穿衣啊说话方式啊有争执，有点自责，晚安桃子姐！

布兰基小镇的腊八粥：到家了才知道原来有时候各种事情各种家人朋友在身边，生活没那么无聊了，也变得忙碌起来，甚至觉得来不及清空心思来道晚安！更珍惜更感谢桃子姐你给我的回复，祝好哦晚安桃子姐！

桃子姐：亲爱的小孩，我家峻叔今天戴牙套了。亲爱的小孩，你能发一张你的相片给我吗？

布兰基小镇的腊八粥：戴牙套一开始要流血是不？峻叔一定很坚强！我的照片照片照片……桃子姐晚安，么么哒！

桃子姐：居然这么可爱！真乖，么么，好梦哦宝贝！

布兰基小镇的腊八粥：桃子姐更可爱！晚安晚安！

还有无数个故事

还有无数位朋友，虽未能在此一一分享，但他们给予我的美好，将在我心中永存。

　　每一封信件和礼物，我都会和峻叔一起打开。八岁的峻叔告诉我："妈妈，我突然想到我还在看七龙珠的时候，有一个人想要到深海里去取珠宝，到了深海，他正想要取那个珠宝，突然游过来很多小鱼，很多很多，他很奇怪为什么会突然有这么多小鱼，难道他们也是来取珠宝的吗？没想到，是因为一个怪兽，打断了珠宝旁边的柱子，那些小鱼，过来全是把柱子给撑起来，不然珠宝被砸坏，也不让取珠宝的那个人受伤。妈妈，我想我就是那个取珠宝的人，珠宝是你，而那些不认识的网友，他们就是那些小鱼，他们来了，不是为了得到珠宝，而是为了保护珠宝，没有那些小鱼，也就没有完整的珠宝，那个取珠宝的人，也没有人保护了。"

　　我没有看过七龙珠，但我明白了峻叔想表达的含义。我感谢你们为我做的这一切，让我的儿子接受爱的洗礼，他突然之间明白："爱，有时候不是为了得到，爱。有时候是一种付出，当你为你所爱的人付出了热忱，她的微笑，已足够让你感觉幸福。"

　　感谢他们，一切美好。我带着所有的祝福入梦，并且美梦连连。

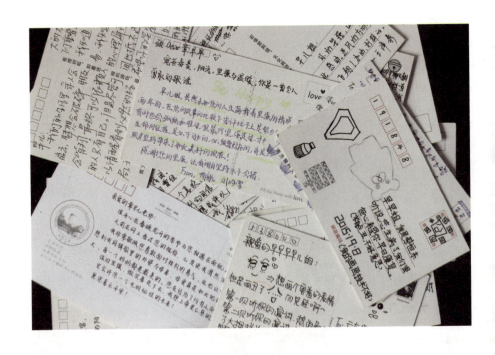

第四章

爱一个人，就永远不要抛下她

金婚

一个出生书香门第，一个世代为农；一个娇气得盐糖不分，一个任劳任怨。

有人说：姥姥嫁给姥爷，简直亏死了！

也有人说：姥爷娶了姥姥，倒了八辈子霉！

谁能料想，这门不当户不对的两人，在初次相识后，便牵定了一生。

1957 年，武汉发生了一件重大事件。中国第一座跨越长江的大桥——长江大桥，建成通车。这座全长 1670 米的大桥，令武汉全城为之骄傲。

同一年的武汉，也发生着另一件事情。这一年冬天，武汉一如往年那般寒冷，但在一个并不宽敞的小屋里，却因一件喜事，温暖了不少。

这一天，姥姥姥爷把结婚证一领，红色床单一铺，结婚了。没有喜宴，没有宾客，只有那喜庆的床单，还有一对戒指。

1937 年，姥姥出生在山东乳山。那一年的中国，经历了震惊中外的"卢沟桥事变"，这也成为日本全面侵华战争的开始。

在那黑暗笼罩的战争年代，姥姥的童年生活显得明媚灿烂。出生在书香门第、父亲是私塾先生、写得一手好字，在家人的百般宠爱下，姥姥似乎并未感受到战争带来的风云变幻。

就在姥姥正过着青春明媚的生活时，在与山东隔着数千公里的湖北，一个偏僻农村里，年长姥姥 7 岁的姥爷，还在一片荒芜之地，放牛为生。这个 7 岁没了妈妈，10 岁失去爸爸的放牛娃，是在姐姐背上长大的。幼时的姥爷，拉屎撒尿都在姐姐背上，这也导致姐姐背上长满疹子，一辈子没医好。

后来，姥爷去了武汉，成为一名士兵。

与此同时，在武汉，也多了一位女孩。跟着在华中农业大学任教的二姐，姥姥来到了武汉。

1954 年，这两个出身、成长环境完全不同的人，在武汉相遇了。

"你是徐坚敏吗？"

"是的。"

"我是章帮运！"

"哦。"

"你要跟我一起玩不？"

"不要！"

姥姥姥爷的第一次见面，就遭遇尴尬。姥姥说，她不是很想跟姥爷玩。姥爷说，其实她特别想跟他玩儿。

那一年，姥姥 17 岁，姥爷 24 岁。在姥姥二姐的介绍下，他们第一次见到对方。初次见面，姥爷身着军装，笔挺地站在姥姥身前，就连军装衣领上的封口，都整整齐齐地扣上。姥姥嘴上说，她不想跟姥爷玩。但心里暗想，这个军人真帅。

第二次见面，二姐让姥爷带着姥姥一块儿出去。二姐夫交代姥姥：看电影、吃饭，可以让姥爷付钱，但坚决不能要姥爷东西。

姥姥牢牢地记住这一规定，并坚定不移地坚持。姥爷带她去看电影，她跟着去了；姥爷请她吃饭，她也应邀了。但是，姥爷送给她一件军大衣，姥姥坚决地拒绝了。直到结婚，姥姥都没有向姥爷要过一样礼物，姥爷送给她

的那件棉大衣，姥姥直到婚后才穿上。

我问姥姥：你们结婚这事，其他人没有反对吗？

姥姥坚定地回答：没有啊，他们很支持。

但那时的他们，却是门不当户不对的一对儿。

婚后，姥爷包揽了所有的家务，做了一辈子的饭，照顾三个孩子，陪姥姥下棋，还不能赢。

而姥姥，则看着姥爷做饭，看着姥爷照顾孩子，跟姥爷下棋，从没输过。

我问姥爷，你会不会觉得这辈子照顾姥姥很辛苦？

姥爷说：如果她当年没有跟着我，她这辈子应该是跟着别人享福吧。

姥爷的话，不无道理。

自小生活在私塾先生家里的姥姥，原本过的是无忧无虑的生活。如果不是跟着姥爷，她的人生轨迹大概也会与她的姐姐们相差无几。她的三姐，曾经参加抗美援朝，如今是浙江大学的离休干部；她的二姐，生前一直在华中农业大学任教。姥姥说，如果当初没那么任性，听爸爸话，现在也是一名退休教授了。生活，从来没有如果。从小就享福的姥姥，在嫁给这个放牛娃出身的士兵后，生活有了不少变化。

姥姥跟着姥爷，几经辗转，从大武汉，到小城市，再到环山封闭的小县城。姥姥这辈子，就这么跟着姥爷四处颠簸，曾经的书香门第不再，曾经的海浪拍打沙滩的景观成为记忆。

结婚后几年，姥爷的姐姐不幸去世。姥爷悲恸不已，向组织申请从大武汉调回那个四周皆山，交通闭塞的恩施。

对于从小生活在大城市的姥姥而言，那时的恩施，就像是一个穷乡僻壤。一开始，姥姥坚决不肯离开武汉，哭了两宿后，姥姥还是跟着姥爷回去恩施。再过几年，姥姥又跟着姥爷，走了数小时山路，去了更为偏远的小县城——咸丰。在那里，他们生活了大半辈子，在那里生子，在那里慢慢变老。从此，姥姥便再也没回过山东。

如今，除了说话仍带山东口音，在姥姥身上，早已找不到故乡的影子。就连小时候每天都能吃到的山东大螃蟹，也再没尝过。

我也曾问姥姥，因为当年跟了姥爷，远离故乡，一辈子再也吃不到小时候喜欢的海鲜，很难再跟亲人们团聚。这样的一辈子幸不幸福？

姥姥说：很幸福，很幸福。

如果说生活就这么平淡地过着，在一座小城，与相爱的人过一辈子，该有多好。但漫长人生路，总潜伏着暗潮。

在已知天命的年纪时，老天偏偏和姥姥开了一个玩笑。姥姥病了，乳腺癌。从那时起，我们开始举全家之力，卖了房，卖了我心爱的钢琴，为姥姥治疗。那时，姥爷每天总是要单位、医院、家三边跑，每天工作之后，回家做好饭菜，带去医院。姥爷话不多，大部分时间都在陪伴。姥姥生气了，姥爷当她的出气筒；姥姥想吃了，姥爷赶紧端来她最喜欢吃的菜；姥姥说想要去散散步，姥爷扶着姥姥，在医院里来回走着。

所幸，这一关姥姥挺过来了，付出的代价是失去了左边的乳房。

生病之后，姥爷对姥姥更是百依百顺。

姥爷正在单位里跟同事开会，姥姥说：她不舒服，姥爷赶紧跑回家。回来一看，姥姥坐在沙发上，若无其事地说：你回来了？

姥爷要去参加县里的老干部新春晚宴，姥姥不停地打电话给姥爷：你下午不回来吃饭呀？那你在外面吃什么呀？你什么时候回来呢？几通电话后，晚宴才刚开始，姥爷就得提前离场，回来，给姥姥做晚饭。

姥爷正跟几位老人一起打麻将。姥姥走到他身边，看看他的牌，再看看别人的，然后一个劲儿地提醒姥爷该打哪个。于是，慢慢地，也就没有什么老人想要跟姥爷打麻将了。

自从妈妈去世之后，姥爷的身体状况就一落千丈，连续几天几夜，姥爷吃不下一口饭，总是默默地落泪，轻轻抹去，又落泪。渐渐地，他的双脚不再利索，步履蹒跚。他再也不能亲手做一顿饭给姥姥吃了，因为他连做菜的力气都没有。脸上的老年斑，慢慢地爬满他整张脸，深陷的脸颊，愈加显得他的苍老。无论去哪，他都需要一根拐杖撑着。有时候，这根拐杖，便是姥姥。

他们互相搀扶着，做对方的拐杖，走下楼来，走在大街上，漫无目的。时而撞见了老人家在下棋，姥爷急匆匆地过去围观，一副急于参与的模样，但这一切都会被姥姥及时制止。

这样的生活，日复一日，看上去百无聊赖，他俩也能沉浸其中。家里最热闹的时候，就是过年。每年过年回家，姥爷总要牵着我们的手，仔细地端详着我们，看看有没有什么变化，把准备了许久的牛奶，拿出来给峻叔喝。姥姥，则坐在火炉旁，悠闲地和我唠着嗑儿。那几天，姥姥姥爷都非常高兴，神采奕奕。只是，几天过后的离别，却总是那么令人伤心。离别时，姥爷定是泪流满面，我们彼此都知道，这一次见面，指不定下一次，就见不到了。

姥姥时常会打电话，有时无意中说起，某个老人睡了一觉之后，人就没了。那天早上，姥姥打来电话，说姥爷出事了。那天早上起来，姥爷忽然说不出话来，他竭力地想要清晰地说出一句话，遗憾的是，姥姥一个字儿都听不懂。

姥爷被送去了医院，经过检查，他被诊断"脑梗死"。他丧失了说话的能力，丧失了自主吃饭的能力，他躺在病床上，每天以泪洗面。医生说，这种情况能维持多久，不知道。身边的人认为，姥爷，不会很久了。

姥爷住院的那几天，姥姥因为身体的原因，没办法去医院守着姥爷。我多次问姥姥，如果姥爷走了，你能接受得了吗？姥姥嘴上说，能接受。但她请求我，能否带她去医院看一看姥爷。

我答应了。

姥姥见到姥爷，轻轻握住了姥爷的手。姥爷用尽了全身气力号啕大哭，姥姥笑着，对姥爷说：你一定要多吃东西，养好身体，你还要跟我一起，过我的八十大寿呢。姥爷躺在病床上，什么话都说不出来，身子抖动得厉害。那几天，我每天都偷偷地带着姥姥，去见姥爷。所幸，姥爷的病情慢慢好转。不久后，他出院了。出院后，姥姥成了照顾姥爷的那个人，扶他起床，为他忙前忙后。

似乎一夜之间，姥姥没有了昔日的傲娇，她就这样陪伴在姥爷左右。夜里，看护人员不在身边，姥爷想要上洗手间，却连翻身都无法自主完成。姥姥拖着疲惫的身躯，颤抖着走到姥爷旁边，为他翻身，而后又为他盖上被子。每晚都是如此，每晚都没有一个安生觉。

白天，当其他老人坐在外头打麻将，在大院子里散步时，姥姥只能陪在姥爷旁边。一天，姥爷用手一直比画，指着外边正在打麻将的老人。姥爷想

要姥姥去和其他老人打麻将。姥姥看懂姥爷这意思后，很是高兴，心想，老头子心里头，还惦记着我呢。她立即逗起姥爷来，说：我没有钱，我不去打牌了。一听这话，姥爷非常急，他很想说话，却只能一直比画。看了好一会儿，姥姥终于明白过来。原来，姥爷想说：你没有钱，我就借钱给你打牌。这个老人，这个说不清楚话，走不了路的老人，依然这么惦念着陪了他一辈子的老伴。

姥姥把这事当成一个段子，笑着和我说。但我却不知不觉，泪水湿润了眼眶。有时候，爱情的伟大，并不是那轰轰烈烈的山盟海誓，而是当你渐渐年老，不能说话，无法走路，我依然陪着你。而你，依然惦记着我。

如今，他们携手走过了 60 多年。姥爷再也没有办法给姥姥做一餐好吃的菜，姥姥也不再是以前那个会撒娇的姥姥。但他们每天都要手牵着手，如果可以，姥姥一定要带着姥爷一起晒晒太阳，看看门前那盛开的杜鹃花，带着姥爷一起下棋，姥姥肯定还会赖皮，姥爷肯定还是不能赢。

冬日里，那杜鹃花开得尤比灿烂，正如姥姥姥爷的爱情般，历经千山万水后，依旧盛开，从未凋零。

一辈子很长，白首到老很难。多少人，曾经许下山盟海誓，走着走着就散了；多少人，经不起风雨，忍不了平淡；多少人，爱着爱着，就没爱了。姥姥和姥爷，这一对出生在解放前，相识于解放初，携手走了 60 多年之后，依旧如故，十指紧扣。

他和她

她第一次见他，是在他的知青点宿舍。这天，她陪一位好友过来，好友的男朋友就住在这栋宿舍里。

他眼前的这女孩，穿着一件抗美援朝式的棉衣，眼睛很亮，脸圆圆的，像个布娃娃。她悄悄地看了他一眼，羞涩地低下头，没说话。

"农村是一个广阔的天地，到那里是可以大有作为的。"

随着一声号召，这个高干子弟下乡了。临行之前，他满腔热血，因为他即将去的这个地方，能给他每月18元的生活费、45斤的土粮，报销全部医药费。在当时，这相当于一个工人整整一个月的工资。

于是，在1974年的严冬，他来到了川鄂湘交界的一个小县城。但就在他还没来得及将一腔热血洒满这片热土时，他就发现，这片土地与他格格不入。县城里，最高的房子，是一座三层楼，那是当地县委机关楼。城内，仅有一条街道，土石子铺就而成，街道两旁，是一排排低矮的民房以及菱形的商铺。

这是一个"红二代"所难以忍受的环境。他是一个生在高干家庭，长在机关大院的红军后代。他的父亲，曾参加过百团大战，两次南下，长期战斗在公安战线上。早在建国之初，就被国家领导人李先念任命为湖北省建始县公安局局长，此后又任恩施地区第一任中级人民法院院长。在当地，他的父亲，被视为德高望重的老干部。

这个出身优越的高干子弟，无法相信他要在这个与他格格不入的地方生活。这里的人，随处可见背着一个篓子，戴着头巾，脚穿草鞋。而他，这个从大城市来的高干子弟，穿着一身海魂衫、耀眼的军裤军帽和北京布鞋，显得尤其另类。

一阵寒暄后，她对他说："你姓张啊？"

"嗯，我姓张。"

"这么巧，我姓章，跟你姓同音。那以后我就叫你哥哥了，行吗？"

"行啊，反正我在这里没亲人，那你以后就是我妹妹了。"

就这么着，他们算是认识了。

那个时候的她，在读初中，是学校里一名优秀的学生。认识她之后，他开始关注这个长得像布娃娃，皮肤黢黑的女孩儿。偶尔他去田间劳动，她去上学路上，两人看似总是在不经意间相遇。每天，他就坐在桥头等她放学。他见到她，也不说话，点个头，彼此又匆匆离别。有时，在她放学之后，他就这么跟着，在她身旁，俩人有时聊上两句，有时什么话都不说。他就跟着她，上学放学。这样的日子持续了一年多，直到第二年的春天。她忽然消失了，在那个每天都等她的桥头，他再也看不到她的人影。

不久后，他收到一封来信，武汉寄来的。信中写道，她去武汉读书了。信中，她让他要大有作为，扎根农村。后来，这样一来一往的书信时常在进行着，但几年时间里，两人也没再见面。

1977 年，他入狱了。这个法官的儿子，这个曾经在乡下叱咤风云的青年，因为打架斗殴被抓了。他在牢狱之中，身着黄色狱服。在当地，人们一旦听到他名字，避之唯恐不及，连忙摇摇头称不要说这个人。他的名声，就像洪水怪兽，人人不敢评论也不愿谈起。 在当地人看来，他就是个纨绔子弟，无恶不作，三天两头就要打架斗殴，把本来就那么一点儿大的县城搞得鸡犬不宁。

狱中， 他们仍然坚持信件来往。监狱里的日子自然是难熬的，没有人会享受失去自由的日子。在难熬的日子里，她仍然和他联系。信中，她一如既往地鼓励他，督促他，希望他好好改造。三年的牢狱终于结束，他走出高墙，回到了令他感到陌生而又熟悉的地方，回到让他心碎而又难忘的地方。

他再次见她，自己已是一个曾经坐过牢的人。而三年不见之后站在他眼前的这女孩，却已不再是过去那个黢黑的、像个布娃娃的女学生。

眼前的她，身穿一件女式的军装，下面穿一条蓝色的喇叭裤，头发是刚烫的时髦发型。这时的她，是剧团的台柱子，是全县数一数二的美女。此时此刻，这个纯美的、略带成熟的女人，正站在他面前，让他心跳得极快。

她仍然不怎么说话，但这次见面后，她把剧团的电话给了他。他也把农场的电话给了她。他们从书信来往，变成电话来往。他们互相约定，在约定的时间给彼此一个电话。两人就像俩地下工作者一般，偷偷地打电话，每次打电话也不能太长，怕占用电话时间太长，影响别人使用。

交往中，为了让他有一个全新的形象，她卖掉了自己的手表，给他买新衣服、新皮鞋，让他从头到脚都焕然一新。

而他，这个会画漫画、会写情诗、能将口琴吹出和弦的男人，为她写了不少情诗：

即将离别你而去，惆怅和空虚向我驶来。

我仿佛看见离别你的忧伤，我听到你低声地祈祷和内心的呐喊。

你在每一个不眠之夜就会默默地向我祝福，希望早日归来的梦一次又一次伴着你的泪水入眠，雨夜中的你沉浸在泪水绵绵的枕边。

泪水和雨水汇成了一支歌，归来吧，我的爱。

他能将口琴吹出各种和弦，他为她吹了俄罗斯各种经典歌曲：《莫斯科郊外的晚上》《喀秋莎》，尽管那时中苏关系已经恶化。他才不管关系恶不恶化，他只希望借这些曲子，让眼前这个陶醉于他琴声中的女人快乐幸福。

每天下班之后，他还在田间劳动，她便坐在田边背台词，拿着剧本在那等他。人家见了，纷纷议论，他们怎么能在一起呢？一个是纨绔的高干子弟，一个是县城剧团的台柱子。剧团的领导见到他们在一起，对她进行严肃的批评，但她也不管，只管和他在一起。

从此，他和她，变成了小县城的"大人物"。一个是坏得透顶的公子哥，一个是县城有名、形象正面的红人，怎么能在一起呢？

是啊，他们怎么能在一起呢？

她第一次去他家，便遭到了刁难。他的母亲，不让她喝水，不让她坐，甚至连家门都不想让她踏入半步。这个听了一辈子戏的老母亲，怎么能瞧得起一个戏子？要知道，她的爱人，是曾经出生入死的抗日英雄，是当地德高望重的重要人物。

他要去她家，她的父母也言辞反对。在那个小县城里，她的父母虽不是高官，但因为人正直赢得当地人的尊重。他们怎能容许女儿跟一个曾经臭名昭著，还坐过监狱的男人在一起？

在两家人都不同意的情况下，他和她还是领了结婚证。没有一个像样的婚礼，没有家人朋友的祝福，他们就这样义无反顾地，在农场一个简陋得不能再简陋的房子里，成为夫妻。

作为剧团的台柱子，她要去到各个乡下演出。每次演出之前，他把她送到车站，两人双手紧紧拉着不想松开。临别前，她总会哭，舍不得他。演出回来，她一定要把当地单位发给她的水果零食带回给他。她说，他在农场很少能吃到这些，应该多吃些。

纵是日子艰难，两人却从未让自己活得穷酸。那是个重山环抱的小县城，外人要想进来，不知要经过多少个蜿蜒如蛇的盘山公路，如果所谓的时代潮

流要想到那，更不知几经周折。但那时的他们，却成为当地潮流的引领者。就在人人都背个背篓上街买菜时，她已经穿着喇叭裤上街。那个时候的她穿什么衣服，紧接着这个县城的女孩们跟着穿什么衣服。那时，县城照相馆自建国以来挂的第一幅橱窗结婚照，便是他们的。

　　结婚后，他在努力改造，让自己更优秀；她投入全身心，努力经营这段婚姻。他们的爱情，成为当地的标榜。1982 年，湖北青年杂志社讲述了她努力经营的这份爱情，并称之为"心灵的激光"。同年 5 月 19 日，他们拥有了自己的爱情结晶，生了个女儿。

　　他们给自己的女儿取名为：章早儿。

最能干的实习生

在单位的小花园里，我见到了他们。最右边的那个，长得清秀，皮肤白皙，戴着一副眼镜，穿一身格子衬衫；另一个有些微胖，圆头圆脑，笑起来倒挺亲切。

2012 年 6 月 4 日，我很希望这天没有其他什么事儿，因为这天是峻叔八岁的生日，我早早地买了蛋糕，想早点下班，陪他庆祝生日。

但这天，我要见三个实习生。从中午开始，我就一直等。下午一点、两点、三点，他们终于到了，三个青涩的面孔。

他，坐在俩人中间，也是一身格子衬衫，眼睛直盯着我，忽闪忽闪地，很亮，很机灵。他自我介绍道：我叫合鹏。

我也自我介绍了一番。介绍完毕，他毕恭毕敬地说：章老师好。我说，不用叫我章老师，叫我早儿就好了。

于是，他叫我早儿姐。

跟着我实习了一段时间之后，这三个实习生说，他们要回校了。

我说，好。我以为，他们不会再回来了。实习生，来来去去很正常。

想不到一个月后，我又见到了他。

很巧，再次见到他的那天，正是我得知患病的那天。

我们匆匆忙忙地在单位见了一面，在我还来不及去感伤疾病的悲痛时，便各自投入了工作当中。

他实习的第一项任务，是收集报纸。那天回到办公室，我说帮忙去各部门收集一下前些天的报纸。话音未落，他竟销声匿迹。没过一会儿，他抱着一叠报纸回来了。

我心里想：呵，这实习生动作挺麻利，挺乖巧的。

我遇到过不少实习生，其中不乏奇葩异类：有用一句"那么远，我不去，要去你自己去"，把实习老师呛得无话可说的；有见了实习老师，一句招呼不打，目中无人的；有你让他写篇稿子，结果你得重新改写的……

在与"五花八门"的实习生接触过程中，我已经练就了一身对各种实习生有免疫力的功夫。但他，却让我对实习生有些改观：这男孩，挺靠谱。

那时我们正在筹拍一部微电影，这部微电影改编自真实故事，讲述的是一个男孩在女友身患白血病之后，不离不弃，四处奔波，想尽办法救助女友。

电影中，我们需要用到一个道具：千纸鹤。

于是，我把折千纸鹤这个枯燥无聊的工作，安排给了他。接了这项工作之后，他倒也挺乐呵的，说："我有十几年没有折过这玩意儿了。"

我说：不急，你慢慢折。

那天，办公室里，他就这么重复地做这一项工作。下班之后，我让他先回家，千纸鹤不着急要。

他说，好。说完，他又低头，仔细地折每一个千纸鹤。我离开办公室，灯还亮着，他仍然低着头。

回到家，我收到一条 @ 我的微博，一看，竟然是他发的。"近十年没折过了，手艺好差。早儿姐喜欢不？"图片中，是他刚折好的千纸鹤。我被这小小的礼物感动了，实习生说：愿早儿姐身体快快好起来，千纸鹤送给早儿姐，代表了深深的祝福。这个小小的实习生，居然会为我折千纸鹤。

我回道：好感动！我真喜欢合鹏，一个聪明又好学的好孩子，懂礼貌肯吃苦，枯燥烦琐的工作都会认真有爱地完成，给我惊喜和感动。

为了使电影情节更丰富，更接近真实，他需要每天采访电影原型人物，把一个又一个真实的细节挖掘出来。

采访，得慢工出细活。

他动辄给采访对象打一个多小时电话，或不停地发短信。终于，他用这种笨方法，挖了不少"料"。

电影名之所以叫《三生绳》，是因男孩曾送过女友三生绳，曾约定一生一世在一起。此外，男孩还为救女友当运水工、派传单，在女友去世后一直照顾女友家人。一个又一个不为人知的细节，被合鹏一个个挖掘出来。这些内容，也成了电影的关键剧情。

我常说，守好行为不代表可以拿功勋。但这个实习生，不仅守好行为，还想办法把一件事做到尽善尽美。

片场里，这个自称是"打杂专业户"的实习生，买得了盒饭、做得了外联、跑得了场地、当得了群演、做得了举麦师，还写得了稿件。

后来，我把很多工作放在他身上，也不操心他做得好不好。再后来，我与他成为朋友，开始慢慢了解这个能干的实习生。他出生在农村家庭，家境一般。读大学后，每年学费和生活费基本靠自己，派过传单、当过家教、在学校勤工助学，连续三年获得国家励志奖学金。

我去参加《女人如歌》，他跟着单位同事，也去了现场。他说要为我加油。一首歌下来，这个实习生从观众席，悄悄跑到了舞台下方。他认为这样能离我更近些，抱着一架相机。同事说他哭得稀里哗啦，我浑然不知。

这一切，我是后来从他的日记本里得知的。他在日记里写道："26日，我第一次号哭。大概，我已有将近十年没这么哭过吧。从你走上《女人如歌》舞台的那刻起，你便把我感动得一塌糊涂。"

他说，他很少会和实习老师成为朋友。以前，他在实习期间，会对所有的实习老师毕恭毕敬，但不会以"朋友"相称。我，竟是他第一个"实习老师"兼"朋友"。

2012年12月，在参加完《女人如歌》之后，我在东莞玉兰大剧院，举办了我的个人音乐会。

这是我人生中的第一场音乐会。

他扛起了统筹的重任。整个音乐会下来，跑前忙后，联系嘉宾、场地、观众、门票等事务，他得全程负责。他说，那一天，他打了上百个电话。

我越发觉得，我很想留下这个实习生，这个能帮我打理一切的实习生。那时他刚升大四，时不时还要往学校跑。但我不愿这个实习生离开我半刻，他一离开，我便开始累了起来。所以我常劝他，你退学好不好？退学算了，反正大四也没什么课了。他很无奈。也因此，他错过了部门毕业餐，错过了毕业生送别会，错过了毕业游……

就算回校，他也会给我带回来些礼物。有次他寄给我一张明信片。明信片的正面，是他学校正门。背面写着一句话：一年之后，我大概在这拍下毕业照，穿着学士服，满脸灿烂，你是否踩着七色云彩来接我？

我感动极了。

实习一年多，他跟着我奔走于全国各地，厦门鼓浪屿、桂林阳朔、湖南长沙、上海，都留下我们的足迹，每到一个地方，他都要给我寄上一张明信片。他知道，我最喜欢卡片，尤其是亲笔写下的卡片。在那些行云流水的字里行间，透过卡片，我看到了他的温暖。

快毕业了，我想送给他一份最好的毕业礼物。我把他一年来，所有的工作，所有的经历，做成一本相册，写下我的祝福，送给他。

那时我并不知道，毕业后他是走是留。对我而言，他是走是留不重要，重要的是我们在一起经历了什么，尽管最终他还是选择留在我身边。在这一年中，他认识了一个"劝他退学"的姐姐，跟着这个姐姐东奔西跑，无怨无悔；在这一年中，我看到了一个勤奋、真诚、上进的实习生。我想，就算他毕业，要离开这座城市，我也不会因此太沮丧，因为在彼此共同努力的这一年，也足以用一生去铭记。

毕业那天，我捧着一束花，来到他学校。那天，他穿着学士服，站在那儿，眼睛依旧忽闪忽闪的，很亮，很机灵，就像我第一次见到的那个他。从此，他多了一个名字：许幼幼。

让我留下来照顾你

很多人见到他，会说：幼幼，你简直是人生赢家。

微博上，网友留言：你们好幸福，很羡慕你们！

和一个大自己 9 岁、带着孩子的女友牵手，不久后有了爱情的结晶。看上去，这是一段非常感人、完美的爱情。

但幸福背后，该有多少不为人知的冷暖。

时间回到 2012 年。

那一年，我认识了这个还没毕业的小男孩。也是那一年，我病了。

病痛的可怕之处，并非在于那一时，而在于无止境。你永远不知道，什么时候才能结束那令人煎熬的痛苦。

人们说：你真是个坚强的单亲妈妈。

我说：那是你没见过我的狼狈。

我曾痛到满地打滚，恳求上天结束我的生命；痛到无法入眠；痛到睡着了，痛醒了；痛到虚汗浸湿我的全身，不断脱落的长发，紧紧地伏贴在苍白无力的脸上。病痛，让我早已无暇顾及峻叔。峻叔在我身旁，只能用他弱小的声音，鼓励我要加油。

他见过了我的美好，也见过了我的狼狈。但是他，选择留了下来。

他租住在离我家很近的一个出租屋里。白天，他过来照顾我。端水、送药、买饭、送峻叔上学，这些日常的照顾，成了他的日常生活。

晚上，他又匆匆回去。第二天，又急匆匆赶来。后来，他搬到了我们家，和峻叔同睡一床。他说，这样，就能离我更近些。

这样日复一日的照顾，他没说什么。

但我知道，他的这一生，会因为这个选择而改写。

一个风华正茂的青年，在风华正茂的年纪，曾经怀揣独傲于世的理想。在他以往的人生轨迹中，曾仔细地规划着自己人生的每一步。

从填写高考志愿，选择新闻学这一专业起，他的人生就围绕"新闻学"这三字而转动。他曾自豪地说，大一时，他以一股初生牛犊不怕虎的干劲，敲开报社领导的门，递上自己的简历。最终，他为此获得一个实习机会。

在大学期间，他选择的每一个社团，都跟"新闻"有关；他所实习的每个单位，都是媒体单位。跟不少大学毕业生一样，他希望在毕业之后，在大城市里工作、生活，立志于"铁肩担道义，妙手著文章"。

然而，这一切原本被规划好的人生轨迹，因为一个选择，发生了变化。而这个选择，要付出的代价很大。

他得遭受的，远不止要放弃的人生规划和理想。这一选择，也让他第一次体会到人言可畏。

有人说：他留下来，就是想要能留在这个单位里。要知道，报社不是谁想进就能进的。

有人说：他留下来，就是想要攀附。他一个没毕业的大学生，身无分文，居心叵测。

流言蜚语，从不会因为他的不理会而停止。但他，从不辩解，照样照顾着我和峻叔。

我躺在床上，痛不欲生，他用贫瘠的笑话，试图要让我开心，尽管我觉得他讲的笑话，总是跟白开水一般。

我说我想吃一块面包，他屁颠屁颠地跑下去，给我买了俩肉包子，吃得我满嘴都是包子味儿。从此，我也落下了一个绰号：肉包子早。

　　他和峻叔，成了最好的兄弟。每天晚上都要举办一次"卧谈会"，谈心。熄灯后，他陪着峻叔睡觉。后来，峻叔在他的微博上，发了这么一条微博：最孤独的时候，最温暖的事是陪伴。

　　日复一日，似乎日子过得也挺平淡无奇。他从未谈起这些质疑，我也从不跟他聊这一话题。

　　一日，他的大学好友来东莞。很少出门的幼幼，终于能跟好友相聚。久不见面，两人谈得甚欢。我坐在大排档里，听着他们聊大学那些时光，聊各自的际遇。

　　忽然，他歇斯底里地哭了起来。任凭我们怎么劝阻，他依然哭。坐在一旁，我们不知所措。

　　他说：他想回去了。

　　他说：他不知道自己为什么要在这遭这个罪，为什么要承受这些质疑。

　　这是我第一次，看到他哭了，在那个我们常来的大排档里，不顾旁人围观。

　　是啊，他原本可以和他的好友一样，在其他城市，找一份工作，有着正常的生活。在那里，没有流言蜚语，也不会孤独无依。

　　第二天，我问他：你选择留下来，是幸还是不幸？

　　他说：当然是幸，我愿意把我的青春都给你，只要你美好地活着。

　　人生，没有多少个青春可给。

　　在这之后，我再也没有见过他因此事而哭过。

　　后来，他在日记里写道：

　　早儿姐，我不会走的。该来的，始终要来。这算是爱情要经历的风雨吧。在这之前，对我而言，我们之间的爱、喜欢总缺少责任、担当。我从未敢想，我们公开地在一起。

　　昨晚，你说你想结婚了。

"能不能嫁给我？"这一念头一闪而过，尽管我知道不可能。但爱情，总得容得下这般幻想吧。

太阳，总会从东边升起，一切风波总会过去，化成灰烬，烟灰落尽，明天，又是春天。

但我还是没敢想，要跟一个比我小9岁的小男孩一起生活，共度余生。

我有太多担忧，害怕。

一天夜里，初春乍冷，天空飘起零星小雨。就在这样的夜里，我突然发生了剧烈的腹痛。

这一次腹痛，来得要比以往的更猛烈。慌乱中，我拿出止痛药，我奢求它能减轻我的痛苦。但止痛药，丝毫不起作用。我捂住肚子，疼得在床上吼叫。也只有吼叫，能让我稍微好受一些。

这种生不如死的感觉，早已把我仅存的意志，磨损得不堪一击。

幼幼看到我这狼狈不堪的模样，乱了阵脚，不知道该怎么办，只想把我送到医院去。然而，夜已深，路上的车辆渐渐少了。

他不会开车，而我不能开车。

他扶着我，走下楼，在路边一步一步走着。我从来没感觉到哪一天晚上，像这天晚上这般寒冷。零星小雨飘在身上，寒风刺骨。我从来没感觉到，我的步伐如此沉重，使出浑身力气，仍然没能迈出一步。

屋漏偏逢连夜雨，说的大概就是这般场景吧。他就这样，扶着我，一步一步往医院的方向走。

终于，我们等来了一辆车。

我在医院时，已是不省人事。我只记得，我躺在病床上，手上插着管子，抬头一看，好几包点滴药水挂在上面。

他坐在病床旁，直直地盯着点滴。一瓶点滴快滴空，他赶紧叫来护士，帮我更换。我只能无力地躺在那儿，一动不动。

平日里的不靠谱、幼稚，此刻全然不见。

那一整晚，我们就在医院里度过。纵然外面寒风凛冽，在他身旁，我一直温暖。

我终于向他敞开心扉，说出我的害怕。

我害怕，他比我小，从来没谈过恋爱，我会拖累他。跟一个比我小9岁的小男孩谈恋爱，多少让我有些羞耻感。我总以为，我会耽误了人家的青春年华，何况，他是一个连初恋都没有的小男孩。

我害怕，他的父母会反对，他的亲朋好友会鄙夷。爱情是两个人的事，但爱情终究又不是两个人的事。

我更害怕的是，他选择跟我在一起，万一，万一我离开了呢？他那般年轻，经受不住聚散离合。

我希望，在我生命的最后一刻，不要孤孤单单地走。

他抱着我，跟我说，"你不会孤单的，如果真到了最后一天，我一定给你披上婚纱。"

那晚之后，我第一次觉得，眼前这个小男孩，这个选择留下来照顾我的小男孩，长大了。

2014年5月19日，我迎来人生中的第32个生日。这一次，我的生日礼物，是他们俩一起送的。

在家里，客厅，他们俩半跪着。他掏出了一个小盒子。打开盒子，里面是一枚戒指，钻戒。

峻叔在一旁说：这是我和幼幼凑份子钱，买的礼物。

他说："我也就是花了我所有的积蓄，给你买的这份礼物，希望你喜欢。"

他为我戴上，说："等我强大了，让我保护你！"

2014年年底，我站在《我是演说家》的舞台上，我把这当成了对他的告白。

　　四位导师好，我是章早儿。从很小的时候开始起，我跟所有的女孩一样，相信自己一定会找到一个超级英雄，他会骑着白马，手持宝剑，披荆斩棘来到我身边。但是，我没有遇到那个人。今天我来到这个舞台，是因为我已经遇上了我的小王子，我觉得那些我希望发生的事情，由我来做也很不错，所以我来了，由我来骑着白马，手持宝剑，由我来披荆斩棘，去到他身边。我这里的披荆斩棘有两层意思，第一他比我小九岁，现在还不够强大，我要披荆斩棘保护他，第二我身上还带着病魔君，我得披荆斩棘让病魔君绕道而去，这样我才能更好地，到达他身边。

　　那天之后，我终于可以和他在阳光下手拉手了。

"小王子有朵玫瑰，
早早有朵幼幼。"

"幼幼只有早早。"

早
2014

你要爱我，更要爱他

直到去世，妈妈仍未再婚。"单亲妈妈"这一标签，伴随了她一生。原本，她有不少机会可以告别这一标签。

五岁那年，我的父母离婚了。离婚，对于每个经历过的人来说各不相同。有人感谢它终于能跟这段不完美的生活告别，有人深陷离婚泥淖走不出；有人恨透前任充满愤怒；有人迅速开始一段新的感情之旅……

对妈妈而言，离婚意味着她从此要独自一人，带着我共同面对未来的每一天，无论是快乐还是苦痛。从那时起，她身上多了一个标签：单亲妈妈。

谈起单亲妈妈，有些人不禁要对她从上到下打量一番，然后摇摇头，说：这女人，不仅是一个婚姻失败者，还是一个带着孩子的婚姻失败者。如若用这种世俗的眼光来看，单亲妈妈浑身上下都透着一种失败者的气息。

一个"失败者"，何谈爱情？

但妈妈从未被人认为是一个"失败者"。曾经的台柱子，引领县城潮流的女子，尽管离婚，却美丽依旧。离婚之后，求婚者络绎不绝。

时不时地，总有些试图要破竹而出的爱情，向她伸出橄榄枝。不过，在爱情尚未来得及萌芽时，一把火，便烧毁了它。

这把火，便是我。

一些我称之为"叔叔"的人来到我家，请上妈妈和我一块吃饭、看演出。每次来到家里头，这些"叔叔"手上总得准备点儿零食、玩具和书。这些都是要表现出"叔叔"无比疼爱这个小女孩的铁证。

"叔叔"的礼物，就像是一个重要的仪式。这仪式要当着妈妈的面，叔叔弯着腰，笑呵呵地向小女孩问好："叔叔给你带了这些礼物，喜不喜欢啊？"一边说着，一边瞄向一旁的妈妈。

有时候，我看着他们，一句话不说。从此，他们再也没有出现在我的视野之中。

有时候，在妈妈面前，我跟他们有说有笑，直言很喜欢这些礼物。妈妈一旦离开，我便用沉寂的脸面，与对面那个满面春风的笑脸抗衡，一句话不说。从此，那个人再也没有出现在我的视野中。

我这把火，终于彻彻底底地，把那些"叔叔"拒之门外。我得意扬扬，妈妈未曾作声。久了，家中再也没有这些试图要送我礼物的"叔叔"了。

直到一天，妈妈说："如果你一直这样，我就会孤寡到终老。"

妈妈这一生，果真应了这句话。

她一生，也是不少单亲妈妈一生的写照。

单亲妈妈、爱情，比起常人来，这两者要想在一起，阻隔重重；要想跨过去拥抱对方，得冲破重重关卡。

对不少"叔叔"而言，"我"是个累赘，是个不得不在事前讨好的"累赘"。对不少"单亲妈妈"而言，"我"是个不得不放在第一位的重要人物。这夹在中间的"我"，成为要重点突破的关卡之一。

多年之后，峻叔也成了少年的"我"。而我，成为了当年的"妈妈"。

如果说，妈妈为了我孤寡终身，那么我，则是为了爱情奋不顾身。在爱情来临时，我对峻叔说：峻叔，妈妈遇见这个人之后，就会多一个人来爱你。很多妈妈做不了的事情，他都可以陪你做，陪你打篮球、玩赛车，这样你就不会孤单了。

这是多么完美无缺的理由。

再完美的理由，也抵不过峻叔的一丝落寞。叛逆、倔强，他在用另一种方式与这段爱情抗衡，那一落千丈的成绩，那患得患失的敏感，便是他在我这段爱情中所给予的回报。

后来，这段爱情以对方的离去而告终。从那时起，峻叔的画风陡变，那个幽默风趣的暖男，又回来了。

如果剧情照这样下去，那么我也将重蹈妈妈的覆辙。当然，众所周知，我现在有一个比我小 9 岁的男友，名叫幼幼，他和峻叔以兄弟相称。

在我的小男友还不是小男友的时候，他就以峻叔兄弟之名，搬进我家。从此，在峻叔床边多了一个枕头。往后的日子里，他们每天一起爬上爬下，互诉衷肠。在那个小床上，有着无数我并不知晓的故事。峻叔说，有些事不能跟女孩子说，但是可以跟兄弟分享。

就这样，幼幼，成为峻叔人生的陪伴者。这一陪，直到现在。峻叔曾在微博上说道：最孤独的时候，最温暖的事情是陪伴。

我问幼幼，你为什么这么想陪着峻叔？

幼幼说："峻叔，是我的峻叔，我永远都陪着他。假如有一天我不是你男朋友了，峻叔还是我最好的兄弟，假如有一天你不在了，我也会供他读大学，把他抚养大，我一辈子都陪着他。"

有一次，峻叔在学校遭遇不良少年，幼幼知道后，要求我马上开车去学校找那小子问个明白。一路上，幼幼叮嘱我："你身体不好，你不要进学校，免得生气，我进去就好了，我来解决这个事情，我看看是谁那么大胆子，居然欺负我们峻叔。"半小时后，幼幼拉着峻叔，开心地从学校走出来，他把手机录音放出来给我听，他说："看，我并没有很凶，但我说服了那小子跟峻叔道歉了。"幼幼告诉峻叔："我们永远不惹事，但是遇事也不要怕事，妈妈会保护你，我更会保护你。"

峻叔环抱着幼幼："他是我们一家人。"他在学校里，写了一篇作文，叫《我的神奇小哥》。文中这个既是小老师又是兄弟的主人公，便是幼幼。

2015 年 11 月 20 日，在幼幼 25 岁生日这天，我们终于结婚了。虽说结婚的是我们俩，峻叔全程却最忙活。整个登记流程下来，峻叔扮演了我们的摄影师，忙前忙后拍照、挑光圈、找角度，忙得不亦乐乎。

主婚人说，你们家峻叔好专业。

峻叔笑了，我们也笑了。

友人曾说：如果你要去爱早儿，那你要去看《下一站幸福》。这是一部讲述单亲妈妈的电视剧。剧中，一个单亲妈妈带着她的一个儿子一起生活。在这位单亲妈妈身边，有一个小男孩，这个男孩深爱着她，更爱她的儿子。

在我身边，不也有这样一个小男孩，爱着我，更爱着峻叔。

梁洛施说：接下来如果谈恋爱，对象一定要让 3 个儿子先过目。

吴绮莉说：孩子比爱情更牢靠，孩子终将成为你的解药。

张柏芝说：当单亲妈妈不辛苦，从未放弃爱情。

同为单亲妈妈，却有着不同的爱情观，但无疑，孩子终将成为单亲妈妈的心中第一。如果你决定要去爱一个单亲妈妈，你首先要爱她的孩子甚过于

等我强大了，我也保护你！

早

爱她；如果你决定要爱一个单亲妈妈，那么你要多给她一些时间和耐心，兴许她有很多怀疑和忐忑，她会不安，有时甚至看起来有些神经质。但你要知道，她曾失去，她害怕再失去。你要做的，便是紧紧牵着她和孩子的手，往前走，风雨兼程。

我的不靠谱小男友

天底下，大概很难找到这样的人了：走出方圆 5 公里找不着回家的路，不懂修灯泡还自称"懒得修"，好不容易睡个好觉结果他把手放在你鼻子上探测是否还有呼吸……

上述这种种不靠谱的事，集中发生在一个人身上，我的不靠谱小男友。

正式介绍一下这位小男友：小名幼幼，90 后，比我小 9 岁，自称身高 174 实际 173，原本 140 斤减到 116 斤。还有，方脸。峻叔说，幼幼生出来 6 斤，其中脸占了 3 斤。

他的形象，为我创造了源源不断的漫画灵感。他的事迹，写出来就是一部滑稽剧。

一

隔三岔五地，家里的 Wi-Fi 就要罢工，以示它的存在有多么重要。奈何维修电话早已不知所踪，只剩下那路由器原封不动地在角落里，被尘封。

幼幼一副视而不见的姿态，对 Wi-Fi 的罢工置之不理，"仰天大笑出门去，我辈岂是蓬蒿人。"那是在闷热的夏天，破败的电风扇总在不经意之间停止工作，待你重启。我独自在家中，坐在沙发上，路由器的灯一直亮着，但Wi-Fi 依然坏着。

在这场比谁更能忍受无 Wi-Fi 生活的竞赛中，我败下阵来。

我拿起手机，问度娘。Wi-Fi 罢工的原因很多，得一一排除。排除故障是笨方法，就像我们英语试卷上的一道三个选项的选择题。英语老师说，把最长的和最短的排除掉，剩下的那个很有可能是对的，又或者不懂就选 C。但排除 Wi-Fi 故障不是简单排除法，得反复试错。

"奋战"两小时之后，Wi-Fi 终于在我手中，死灰复燃。我给幼幼打了通电话，我深深地感激了他："没有你，我要这一身本领有何用？"

因为他，我修得了 Wi-Fi，换得了灯泡，当得了司机……幼幼继续傲娇：我又不是不会修灯泡，我只是懒得修。

二

人们说，人这一辈子，重要的不在于你做了多少件事，而在于你是否能坚持做一件事。这件事，他坚持做了近三年。

科目二考了四次，科目三考了两次，报考了近三年之后，幼幼终于拿到了他的第一本驾照。做这件事，他坚持了近三年，殊不知，三年期限一到，他得重新报考。

压线、熄火、挂错挡，在他手里，考试车辆总能状况百出。第一次失败时，他说，他开的这辆车太烂了。第二次失败时，他说，考官态度很差，总是催他开车。第三次失败时，他说，就差那么一点儿就通过了。

三年的时间，初中生毕业了，高中生考大学了，大学生娶妻生子了，而幼幼，我们家的幼幼，终于拿到驾照了。不过，这个离开家方圆五公里就找不到回家路的他，拿与没拿没什么区别，坐在他旁边的司机，永远是我。

儿歌里唱道："我要我要找我爸爸，去到哪里也要找我爸爸，我的好爸爸没找到，若你见到他就劝他回家。"我问，你知道他为什么要找他爸爸？峻叔坐在一旁，补了一句：因为他爸爸迷路了。

三

他这辈子，估计不能碰两样东西：一样是飞行棋，一样是上海汤包。

闲来无事，下棋是解闷的好方法。在我们家，只有一种棋，叫飞行棋。三人坐下，坐镇三方，摇色子，动棋子。几步棋下来，气氛尚为融洽；没过一会儿，他紧锁眉头；再过一会儿，他急躁不安；然后，他暴跳如雷。大喊：你们不能合起来对付我一个！我们苦笑，继续玩着。只见他自暴自弃，兴致全无。一场以解闷为名义的飞行棋，最终还是让大家闷闷不乐。

久而久之，我们家的飞行棋，就再也没有拿出来过。三人下棋的场景，也只能成为回忆。

另一样不能再碰的东西，是上海汤包。上海汤包，以"小巧、皮薄、馅大、肉鲜、汤汁充盈"而著称。作为一种著名小吃，在大街小巷中，总能闻到它浓浓的肉鲜味儿。

跟随四处飘香的味道，我们来到了一家以"上海汤包"为主打的小吃店中。坐下，点了一份没在上海也能吃到的"上海汤包"。

不一会儿，热腾腾的、香喷喷的上海汤包端到了他的面前。眼前这上海汤包，尤为丰满，汤汁欲溢，肉馅的鲜美与飘香的热气融为一体。他迫不及待，拿起筷子，直戳汤包，汤汁顺势外溢，美味愈加浓厚。他用嘴吹了一下汤包，一口咬下去，既烫又香。

他客气地问了问我们，要不要吃？我摇摇头。他自然地把第二个汤包送到自个儿跟前。这一次，他已经没有了先前的耐心，夹起汤包，便往嘴里送。只听"啊"的一声，他停止咀嚼，放下汤包，久久没有回神。

紧接着，听到破口大骂：烦死了，烦死了，上海人怎么发明出这种东西，为什么要在包子里放这么多汁，这不是害人吗？原来，在他咬下汤包的这一瞬间，一股滚烫滚烫的汤汁直直射向他鼻孔内，鼻子被烫得通红。

后来，我们再也没有见他吃过上海汤包了。再后来，一次他和峻叔一块儿，点了一份汉堡。吃之前，峻叔提醒他：要小心一点，这回不要又说美国人报复你了。

四

他高考那年，作文题目是《常识》。他说，那年他语文考得还不错。大学期间，他拿了三年奖学金，当了四年三好学生。但真相往往是，学习上是学霸，生活中是学渣。几道"常识"题，便能检验出来。

"常识"，不仅仅是一道高考题目，也是一道检验他是否为生活白痴的人生考题。

我身体不适，去医院做 B 超。

我说：憋了半天，都没尿意，烦。

他一脸疑惑：做 B 超要憋尿的吗？

"肯定要啊！"我更是一脸不耐烦，很不想跟他讨论这种问题。

"真的不用。"他非常认真地回答。

"做 B 超肯定要憋尿的，这是常识。"

"我做过呀，但是我不用憋尿啊！"他眼神笃定。

"那你做的是哪里？"

他指了指脖子，淋巴处：这里啊！

我送他一句网络流行语：我独自在风中凌乱。

五

他终于好心，煮了一回绿豆汤。夏日炎炎，要是能够喝上一碗绿豆汤也是不错的。于是，他开始笨手笨脚地放入绿豆，按下启动键，坐等绿豆煮好。两个小时过去后，他终于煮好了绿豆。

然而，当他小心翼翼地捧着一碗绿豆到我面前时，我彻底蒙圈了。一碗实实在在的绿豆，就这样放在我面前，没有一丁点儿汤汁儿，干巴巴的绿豆，就像干巴巴的米饭一样。

我问：汤呢？没有汤，怎么能叫绿豆汤啊？

他同样是一脸认真地回答道：汤，我倒掉了。要汤做什么？我们不是要吃绿豆吗？

……

我忽然想起来，打一开始，我就错了。我怎么能让他煮绿豆汤呢？要知道，他是能够将饺子煮成了饺子馅儿和饺子皮大杂烩的人。

我怎么能够忘记了，那是他人生中第一次煮饺子，他放了若干饺子下去之后，不停地用锅铲搅拌饺子，于是乎，饺子被他搅拌得痛不欲生，掉了不知多少层皮，鲜活的饺子肉馅儿就这样裸露在外头，让人看了于心不忍。不仅如此，他压根不知道饺子煮成什么样才算是熟的，为了保证万无一失，于是不停地煮，不停地煮，于是饺子因为太熟而变得发黄。

待到他煮好饺子，放在我们面前时，是一盘泛黄的，肉馅儿裸露的，饺子皮扔掉在锅里的饺子。对了，为了掩人耳目，他还自作聪明地把所有的好饺子挑出来给我们，所有烂的饺子悄悄地放在自个儿的盘里。但是，锅里那些漂浮的饺子皮，早已经出卖他了。

六

我问他，你可不可以把这些东西扛回家。他拍拍胸脯：没问题，我都是扛过八十斤大米的人。

逛街，逛了大半天，我说，你还能走吗？他拍拍胸脯：没问题，我都是曾经徒步走百公里的人。

春天踩着白云、和风来了，公园里满天的风筝。我说，我从来没有放过风筝。他拍拍胸脯：小时候，我放的风筝都能穿过云端。

是的，他曾扛过大米，一口气从一楼到三楼；他曾在大学时横穿深圳，走过高山、涉过海滩、顶着烈日、迎着朝阳，走了一百公里。只不过，从那起的一个月时间里，校园里多了一个一瘸一瘸的背影；他曾放过风筝，我质疑他真的放到云端上了？他狡辩：那时很小，以为穿过了云端。

他说，他曾戴上草帽，挽起裤脚，面朝黄土背朝天，在田地里干活。春天播种插秧，秋天收割稻谷。

他说，他曾乘船数公里，掠过渺茫海面，穿过片片红树林，开阀门，撒渔网，捕鱼。

他说，他曾拎起大刀，骑着自行车，穿梭在丛林之中，砍柴劈木。

他说，他读大学没有要一分钱，学费靠奖学金，生活费靠兼职。

然而，曾经这么能干的他，如今走两步嫌太远，穿衣服嫌扎皮肤，喝杯茶嫌味道不正，煮一锅饺子只捞起几个。打开锅一看，还有十多个饺子，光荣地把肉馅贡献给清汤，交融一起。

七

怀孕是一件很幸福的事儿，也是一个把你的尊严揉碎了，重重摔在地上的过程。十月怀胎，要经历很多痛苦，冲破重重关卡。且不说那步履蹒跚，走路艰难；也不说那手脚水肿，面色难堪。一个孕吐，足以把你这么多年来所建立的或端庄贤淑，或可爱迷人的形象，"践踏"得无影无踪。起床、吃饭、喝水、躺床上，孕吐无时无刻，无处不在。

最难堪的，是当街呕吐。是日，三人街上闲逛，孕吐感不期而至。一团呕吐物在胃里翻腾，沿着食道直往外漾。在呕吐物还没倾泻而出之时，只见幼幼一个箭步赶紧躲闪一旁，生怕呕吐物弄脏了他那裤脚和新鞋，而峻叔紧紧握住我手，轻拍我背，双脚未动一步。

不过，就是这样一个不靠谱的小男友，在我最艰难的时候，跟我说："等我强大了，让我保护你！"在我们决定要结婚的时候，他一定要给我买一枚结婚戒指，他说："结婚了我都没有给你什么礼物，但我不能没有给你婚戒。"

我们结婚了

这一天，我们终于结婚了。

在前往婚姻登记处的路上，我一路忐忑、欣喜，就像这一路，所有的十字路口，都给我开了绿灯似的。

2015年11月20日这天，我早早地把峻叔接回家里。往年的这个日子，是幼幼的生日，而2015年11月20日这天，不仅仅是他的生日。

我反复地问幼幼，我们真的要结婚了吗？我们真的要结婚了吗？幼幼紧紧地拉着我的手。

我盼这天很久了。从我们决定领证这天起，我就开始盼望着，我们一起拍了结婚证件照，我就更加盼望。

盼望着，又恐惧着。

结婚前，幼幼说，他要买一对儿婚戒。我说，没事，不用买都可以。峻叔不解地问：结婚，为什么要买戒指？

幼幼把峻叔拉到一旁，说："这一对婚戒，意味着把我和妈妈紧紧地扣在一起，一辈子。而且，结婚，我都没有送给妈妈什么礼物，这一对婚戒，我

一定要买。"

终于，我们是戴着这一对儿婚戒走进婚姻登记处的。

婚姻登记处，设在一栋旧楼里。斑驳的楼宇之间，该是见证了多少对儿新人。他们在这里举起右手，宣誓要一生一世生活在一起。这天，它将见证我们的到来。

顺着螺旋状的楼梯，我们仨人一起走了上去，一层层阶梯的扶手，缠绕着带有花儿的粉红丝带，墙上，是一对对结婚漫画照。

幼幼急匆匆地跑到了前台，说要办理结婚证。工作人员问：你的爱人呢？他回头一看，发现我仍然在爬着楼梯，峻叔在一旁搀扶。他知道，挺着大肚子，我不能走太快。

峻叔这天非常乖，他在一旁扮演摄影师的角色，使劲地东拍一张西拍一张。不时，还指挥一下我们：嘿，看过来。别说，还颇有摄影师的范儿。

填写资料、办理结婚证、宣誓，我希望这一个个流程，能慢一些，再慢些，好让我能好好回味。

峻叔，仍然在一旁"咔擦"地拍着。

宣誓处，一条长长的走廊，通向宣誓的站台，透明的地板，两旁竖立了一排排鲜花。宣誓站台的后面，是一面红墙，写着"2015 年 11 月 20 日"这几个大字。

站在站台上，面对颁证人员，我们举起右手，宣誓：依照《中华人民共和国婚姻法》的规定，我们双方无配偶，没有直系血亲和三代以内旁系血亲关系并了解对方的身体健康状况，现自愿结为夫妻。我们将共同肩负起婚姻赋予我们的责任和义务，上孝父母，下教子女，无论境遇好坏，家境贫富，疾病与否，都风雨同舟，同甘共苦，患难与共，坚守今天的誓言，让彼此成为终生的伴侣。

当我领到那一本鲜红色的结婚证时，久久无法平静。峻叔仍在一旁，一个劲儿地拍摄。颁证人员说：这个小孩拍得真好。

我们在站台、在祝福墙、在长廊，在各个能够拍照的地方，留下我们的

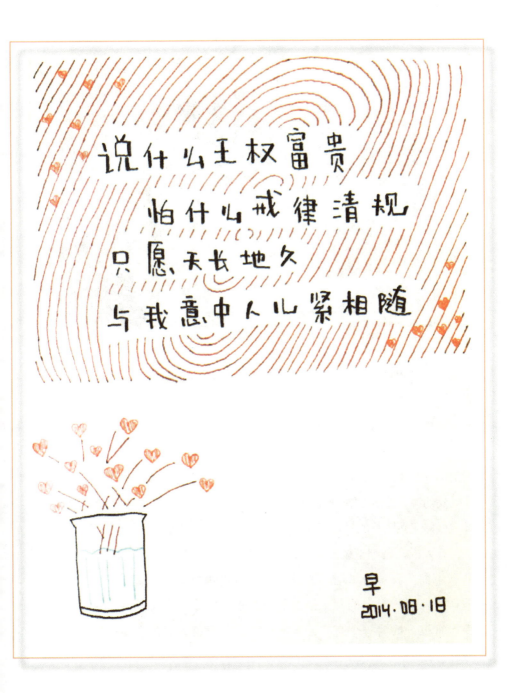

说什么王权富贵
怕什么戒律清规
只愿天长地久
与我意中人儿紧相随

早
2014·08·18

合影，我不想错过任何一个体现"我终于结婚了"的地方。

办理结婚，不到半小时。婚姻，却事关一辈子。

爱情是缠缠绵绵、卿卿我我、轰轰烈烈，婚姻却是柴米油盐、平平淡淡。我努力地学着经营好婚姻，努力不让"婚姻"这门课"挂科"。

幼幼说，他所期望的幸福生活是："我送大宝上学，小宝还在睡觉，而你，为我做好了热腾腾的早餐。"这样的生活，简单而幸福。

有人说，婚姻是彼此牺牲，换来彼此磨合。我以为，婚姻是彼此美好，共同幸福。我学着烘焙，为他做一餐色香味俱全的早餐，学着画画，为他作一幅独一无二的画。把看似无聊枯燥的事，变得有趣，也是让自己变得有趣。成为一个有趣的人很重要，但鲜有人愿意让自己成为一个有趣的人。

结婚之后，有人开始学会了埋怨：他埋怨她怎么没有把家务事做好，没有照顾好孩子。她埋怨他为何不关心她和孩子，成日在外。曾经的互相欣赏，变成互相埋怨。

　　在婚姻这个永恒的话题上，你我都是学习者，学着做一对有趣的夫妻，或许比一个所谓贤惠所谓忙事业的夫妻，来得重要些吧。

幼幼的日记

幼幼有写日记的习惯，偶尔在日记本，偶尔在博客。而我，则有偷看他日记的习惯，想着，反正他的密码我都知道。于是，我在他的博客中，找到了这几篇文章。

第一篇，《第一次见她》。我只知道我第一次见他的感受，从来不知道他第一次见我，是什么感受，有什么印象。这一篇中，他站在他的角度，看到了一个我从未看过的我。

第二篇，《遗失的围巾》。这条遗失的围巾，是我非常喜欢的一条围巾。那次，我在店里看到，执意要买给他。谁知道，他居然落在了飞机上，更可恨的是，他出了机场才想起来这件事。时至今日，我仍然有些生气。不过也罢了，他遗失的东西也不少了。

最后一篇，他说的是我的姥爷。那年回家，姥爷把他戴了几十年的戒指，送给了幼幼。那个戒指无论是对于姥爷，还是对于幼幼来说，都意义非凡。小时候，我是姥爷带着的。每天，姥爷骑着车送我去上学，放学了，又骑着车接我回家。这个我深爱的老人，如今要把这枚结婚的金戒指送给爱我的人。我想起婚礼上，父亲要把女儿的手交给另一个男人，他想说，今后，我的女儿就由你好好照顾，好好爱她了。而今，把我手交给另一个男人的，是姥爷。

第一次见她

至今，我仍然无法忘记第一次见她的模样。

2012 年 6 月的一天，天气热得学校的知了都懒得鸣叫。那天下午，我坐了一辆大巴，从学校来到了久闻其名的东莞。来这之前，我满是担忧，一种场景立马像幽灵一样飘入我脑子里：那里工厂林立，出门尘土飞扬，就算你要擦拭因被沙子飘进的双眼，也要提防随时而来的抢劫犯。

从汽车站出来，坐公交去往报社的途中，我紧紧地拽住我的书包，生怕被人劈手抢走。但直到现在，我被抢劫的记录还仍然保持在高中时期在马路上被抢了手机，那还是在老家。

这是我第一次来到这座城市。一路上，我才看到，原来这儿竟不是一排排的工厂，不是尘土飞扬。我才看到，道路竟这么宽，交通竟如此畅通。

来到报社 11 楼，我在一个小亭子里安安分分地坐着，等待我即将要见到的实习老师。

她拿着一笔记本，齐刘海，一头长发，穿一条黑色背带裤，迎面走来。一见到我们，便微笑起来。她笑起来的时候，眼睛弯成一道明月，有种要用温柔之刀征服你的气场。

刚一坐下，我那炯炯有神的双眼便望着她。她语速极快，上一个字还没来得及结束它光荣的使命，下一个字却早已忍不住要脱口而出。

具体说了什么，我已不记得，大致是过来的实习内容罢了。

那晚，恰逢部门聚餐，不过她来晚了。她要给八岁儿子过生日。原来，她已经是一个八岁儿子的母亲，原来，我来东莞的第一天刚好是峻叔的生日。峻叔后来跟我说，我是妈妈送给他的礼物！

卸下工作的面孔，她不再是那个说话语速极快，气场十足的实习老师。她更像一个邻家女孩，温柔可爱，体贴入微。

餐桌上，她让我们猜她多少岁。我谨慎地说，25 岁左右吧。我还补充道，你看上去跟我们差不多大，但你又已经出来工作了，所以我猜 25 岁左右。

她笑而不语。

好吧，女人的年龄是个谜。

晚饭过后，我们便开始了工作。她让我们回到报社，收集当天的报纸。她话没说完，我们几个"唰"地一声不见了踪影，纷纷跑到各个办公室收集报纸去了。

我说，章老师，收齐了！她说，不，叫我早儿就好了。

从此，我便叫她：早儿姐。

遗失的围巾

我的一条围巾遗失了。

在 2 月 24 日下午六点多的时候，它遗失在一架从恩施飞往武汉的飞机上。

这是一条紫色毛织围巾。从今天起，这条毛织围巾将被迫踏上了它的流浪之旅。

下一站，它将被空姐放到地面遗失物资中心，在那等待主人领取。但这个主人估计不会再去找了。他嫌弃找的时间太长，过程太麻烦。

于是，它就在等待中慢慢消沉，被新来的遗失伙伴压挤。它永远不知道会在这个逼仄的鬼地方要待上多久，也不知道下一个地方会在哪？是继续待在遗失中心？抑或被送往加工厂，被纺织工人肆意拆解，支离破碎，然后绝地重生？再或者，它将在二手商贩手上，迎接新的主人？

哎，谁人曾想，这个几个月前还可扬起头做围巾贵族的它，顷刻之间，竟被这个男主人遗弃了，沦落流浪之辈。不知道它是否怀念那个把它带来恩施的女主人。它的第一次，是献给了这个女主人。

去年冬天，女主人带着男主人来到一家男装店。她一眼便相中了店里的这条紫色的毛织围巾。于是，她执意要买下送给男主人。

谁知，回去之后，女主人对这条围巾爱不释手，便抢先戴上了它。

这是一个很爱戴围巾的女主人，在她的橱柜里，放着各种各样的围巾。

确实，这张圆圆的脸，就应当戴围巾。相较戴围巾，她似乎更愿意给人买围巾，至少我仅有的几条围巾都是她买的。实际上我并不习惯戴围巾。原因很简单，但凡到室内就得脱下，我懒得多加这一举动。

但这个女主人就这样，她总是乐于付出。为你爱的人付出，这确是一种幸福。一般人或许会想，那她是不是每天都为你亲手做好热腾腾的早餐？你每次出门前都为你穿衣打扮。

不，这个姐姐，这个起床比我还要晚的姐姐，她绝非能用"贤惠"形容之。她的温暖，在于无时无刻地把你当成她的小孩，捧在手里怕碎了，含在口里怕化了。就连她自己也不时有种错觉，她是不是把我当儿子了。

她始终有种保护欲，要保护她所爱的人，绝不能让他受到半点委屈。这种愈演愈烈的保护欲，硬生生地将一个外表温柔可爱的女人，练就成一个拿着杀猪刀，随时喊着要"血溅哪哪"的女汉子。

不知她是否知道，她所做的这一切，只能进一步佐证她的幼稚。但这种看上去很幼稚的举动也并不妨碍她向爱人的付出和温暖。

这围巾，这个极具她为爱人付出温暖的象征物，顷刻之间不知在何处流浪。虽然，我已经做好了要用我私房钱弥补过失的准备，但遗失的温暖，还能弥补吗？

姥爷的金戒指

我怎么也想不到，我的第一枚戒指会是他送给我的。

他是早儿的姥爷，我也叫他姥爷。大年初五这天，全国各地都洋溢在一派喜庆、热闹的春节氛围中。武汉的归元寺，成千上万的人挤得满城水泄不通。大家冲着发财、冲着平安而去。这里却安静悠然，俨然世外桃源。老人们在这散步，在这赏花，在这打麻将，在这看着《新闻联播》。

刚过完春节，姥爷就搬到了这里。这是一所建在半山腰的养老院。在这座山上，可以俯瞰整个恩施市区。这里住着几十位老人，他们并不理会外面世界有多喧嚣。这喧嚣的世界，他们早已经过。

很早之前，姥爷就有强烈的意愿，要搬进养老院。终于，遂了他的愿。

这天，他正跟其他三个老人打着已经几十年不曾触碰的麻将。我在旁边煞有介事地看着，好似很懂。一局结束之后，他缓缓站了起来，紧紧地拉着我的手，示意我跟着他一起走进房间。姥爷的步子走得很慢，需要我搀扶才能使上力气。

在房间里坐下之后，我和姥爷寒暄了几句，问他在这过得开不开心，适不适应。其实我并不懂姥爷说的话，每次聊天，我尽管点头便是。岁数渐大，姥爷的说话愈加不清。

他拿起我左手，摸了摸，放下；又拿起我右手，摸了摸。我并不知道姥爷想跟我说什么，我将注意力放在了他的手上。以前我未曾这么仔细地端详过一个老人的手。姥爷手上那层表皮，褶皱蜿蜒，就像万千沟壑一样，勾勒的尽是岁月的痕迹。

生命是一个很奇妙的东西，它总用各种形式，有意无意地告诉你，你已经步入哪一个阶段了。年少时，给你姣好的面容，众星捧月。中年时，你身材变样，皱纹渐多；年老时，用满是褶皱的皮肤、老年斑，告诉你已经老了。

姥爷使劲转动他的无名指，这时我才看到，原来他要将他手上的金戒指送给我！这可是姥爷结婚时的金戒指！

我到底还是戴上了这枚戒指。戒指上，斑驳陆离，少了当年闪闪的光泽，却多了一份阅过无数跌宕起伏的人生。这可是陪伴了姥爷几十年的结婚戒指！

遥想当年，那个意气风发的士兵，迎娶了终与他携手共老的芳华少女。这枚戒指看着他从一个人的生活到两个人的家庭；看着他有了大女儿，大儿子，小儿子；看着儿女长大，成家；看着他从一个不起眼的守长江大桥的士兵到一个县城物资局局长；看着他身体慢慢地不再健朗，步伐不再矫健，头发渐白，皱纹渐多。

如今，这枚陪了他走过大半岁月的戒指，将又要见证另一个年轻小伙，牵着前主人的外孙女的手，一同度过还未完成的一生。他叫外孙女"艳艳"，因为他的女儿叫"艳"。他很爱这个外孙女，小时候，他背着外孙女上学，走十几公里路。为了哄外孙女上学，他每次都准备 10 颗糖。上学之前吃 5 颗，放学之后吃 5 颗。很长一段时间，外孙女就靠着这 10 颗糖，对上学有了期盼。以后，他爱的外孙女，有另一个男人爱着她。

"我希望你能一直戴着它。"

"嗯，我会的！"

"我不希望我去世的时候，这枚戒指还戴在身上。"

"嗯，我会一直戴着它的，您放心！"

"谢谢你，这么照顾艳艳，辛苦你了！"

"应该的，我会继续照顾好她的，您在这就好好的，注意身体！"

这是一种并不输于婚礼的仪式。我得意地将戴上戒指的手，在姥爷面前"显摆"。姥爷直呵呵地笑，眯着眼。旁边有一烤火炉，很暖和。

牙牙带来的新生

从此，我的生命，变得小心翼翼。我每跨一步，每一转身，都无比谨慎。我努力地呵护着他，容不得他受半点伤害。我每天呕吐、吃不下饭、睡不着觉，战战兢兢。

2015 年 6 月 17 日，我确切地知道，他来了。

在那前一天晚上，强烈的呕吐感让我难以忍受。幼幼问：怎么了？我不想回答，只想呕吐。这种呕吐感跟 12 年前一样。

难道有了？不可能！因为半年之前，医生曾告诉我，我这种身体状况不可能会有。况且，我已经吃了 3 年的中药，那可是活血化瘀的。我甚至信誓旦旦地告诉幼幼：绝对不可能，如果真怀上了，那肯定是吃药导致的。

6 月 17 日一大早，我赶紧买来验孕棒。那两道红杠告诉我，真的有了。我赶去医院，B 超单上用更为专业、准确的表述告诉我，真的有了。宫内早孕，约孕 7 周。

他，竟然以这么不可思议的方式，出现在我的生命里，我毫无准备，更不知所措。这个大小约 28×13 毫米的孕囊，在我的身体里，我清晰地看到，他在跳动，就只有一颗黄豆般大。

跟我一起紧张着、期待着，当然还有幼幼和峻叔。他们搀扶我的左手和

右手，为我穿衣穿鞋。我们去到餐厅，偶遇一好友。好友上下打量了一番，直呼：你是不是有了？我诧异地看着她：你怎么知道？她给了我两个字：孕味。

我不禁也端详了孕 7 周便显露出孕味的我，双手插着腰，幼幼和峻叔一前一后地"伺候"着，这十足的孕味，大概常人都能看得出来。

幼幼，自从他牵起我手的那一刻起，或许就抱着这一辈子不会有孩子的决心。我曾为此愧疚：这个稚气未脱的小男孩是否会有遗憾？他的妈妈会不会很懊恼？

而当这个小生命，这个我和他的结晶这么神奇般地出现在我们的生命里时，他欣喜若狂，把所有的喜悦、紧张写在脸上，仍然像个孩子一般。

从那天开始，幼幼开始记录这个小生命的成长。他每天写日记，不想放过每一个或日常或难忘的时刻。他笔下的小生命，似乎已经有了他的喜怒哀乐。

我们琢磨，应该为这个小生命取什么名字？幼幼想啊想，没想出个什么来。我说，叫他牙牙吧，牙齿的牙。

"为什么？"幼幼不解。

"因为我很喜欢你那颗奇特的牙齿啊，牙牙就是你这颗牙齿变成的。"

在幼幼的 32 颗牙齿中，有一颗牙齿显得特别而出众，它侧凸着，像只虎牙。幼幼说，他曾经不喜欢这颗牙齿，因为它太奇怪。但我说，我很喜欢它，我还要把这颗牙齿拔下来，穿个孔，挂在我身上。

如今，这个小生命，就是幼幼的牙齿变成的，所以我要叫他牙牙。

牙牙，就这么来了。

◎ 产检

牙牙的到来不容易，呵护他更不容易。就在第一次产检时，医生告诉我们：孕酮有些偏低，开了些保胎的药回来。医生说，先保住再说。

于是，多少个深夜，我们匆匆忙忙赶去医院，在急诊室听胎心、吸氧；多少次孕检，我们忐忑不安，生怕结果不好。一次次检查，正如闯一道道关卡。一张张显示正常的检查单，就是那张闯关通过卡。

有时，两个小时未见胎动，我们紧张不已，赶往医院。医生看着神情慌张的我们，以为要出大事了。胎心仪器发出了"咚咚"的心跳声，我们悬着的心终于安放，医生哭笑不得。在我们的产检本上，写了满满的检查。其中，一半是我们深夜来急诊写的。医生不得不贴了一张白纸，另写一页。

有时，胎动位置太低，我们生怕牙牙被压迫，又是赶往医院。医生在肚子上摸弄着，寻找牙牙的位置。确认正常之后，我们仍然不敢离开医院。我说：医生，我能吸个氧再回去吗？于是，半个小时之后，我们缓缓地离开医院。

有时，肚子发紧发硬，我们全身神经绷紧，经检查，是假性宫缩。医生说正常现象。我们缠着医生不放：假性宫缩是什么？需要我们注意些什么？如何分清假宫缩和真宫缩？医生不失耐心，一一解答。听完，我们屁颠屁颠地，又回家了。

久而久之，医院里，医生护士见了，笑着问：又来了？

这种提心吊胆的日子，伴随了我们整个孕期。我跟医生说：我恨不得住在医院里，天天听胎心。

◎胎动

胎动，是我感受牙牙在我生命里的最直接的方式。8月12日，是我第一次感受到牙牙的胎动。他的胎动要比一般胎儿来得早，看来很不安分。

他很调皮。人家是每个

TO:
亲爱的牙牙
还有30天你就会来到我的身边
在过去的八个月里
我无时不刻地挂念着你
因为有了你
我觉得生命变得奇妙
它既会消逝又不会消逝
因为有了你
我的人生开始有了特别的意义
愿牙牙一生平安、健康、幸福

2015·12·18

小时胎动十几次，而他，一分钟能动十几次，一直踢个不停，不分昼夜。半夜熟睡，他强有劲的一踢，我梦中惊醒，痛感随之而来。对此，我软硬兼施。我温和着来：牙牙，你要乖，不要踢得这么痛哦！我威胁着他：你要是再踢这么痛，等你出来我一定要拎起你双脚，打你屁屁。

他，继续有力地踢着。我宁愿他有力地踢着。他踢的次数少了，我紧张；踢得太多，我紧张。他那有些快但很有规律的胎动，我最安心。

他的一拳一脚，一个翻身，都让我觉得，他是如此可爱，可爱到我想见到他，想看到他的模样，他的眼睛大吗？他的鼻子嘴巴像我吗？

当我第一次，见到他模样的时候，我哭了，我压抑不住地哭了。闭着眼，嘴巴一张一闭地在呼吸，双脚不时一踢。他，像极了幼幼。他，简直就是小版的幼幼。我总说，幼幼，你要是我儿子就好了。如今，我的儿子真的是那个小幼幼。

于是，我期待着每一次 B 超，这意味着我又能见到他的模样。他又胖了，他的手挡住了双眼，他肆意地翻身，他的小嘴一张一闭地呼吸。

◎ 两个男人

如果要让一个男孩变成男人，那么，就让他当一个父亲。这话用在幼幼身上最恰当不过。自从有了牙牙之后，在他脸上就写着：成熟、稳重、担当、体贴。他孜孜不倦地趴在我的肚子上，轻轻抚摸，跟牙牙说话，给牙牙唱歌，歌词唱道："从前有个人，他叫许合鹏，他帅气又漂亮，牙牙最喜欢。"牙牙一脚踢到他的手心，他兴奋得直跳。

夜里，我每次上厕所，他都要醒来，扶着我，生怕我滑倒。渴了，他立刻翻身起床；饿了，他给我煎俩鸡蛋。我说想吃冰激凌，他说不行；我说想吃水果，他第一时间赶去水果店。我给他一个称号：起居饮食总顾问。

每天傍晚，我挺着越来越大的肚子，他搀扶着我，在小区里，在街上，在商场，陪我散步，无论寒暑冬夏。我说，很少有丈夫能坚持这么做。他答：我必须这么做。

每周，他坚持要给我拍一张照。他要记录我每周的变化，记录那渐渐大起来的肚子。就这样，坚持到牙牙出生前一天。

另一个男孩，峻叔，也在一瞬间长大了，往男人的道路上前进。每次放学，他放下书包后的第一件事是抚摸牙牙，然后轻轻一吻，说："牙牙你什么时候出来，什么时候能够跟我玩模型？"

产检，我要抽四管血，这对我来说是巨大的挑战。峻叔站在一旁，一把搂住我，说不怕。我靠着他，很温暖。

我忍不住要当街呕吐，靠在树旁。峻叔一只手搀扶，一只手抚摸我背，丝毫不怕呕吐物会弄脏他的鞋。

在学校，同学告诉他，妈妈有了弟弟之后，就不会爱他了。网络上，有男孩威胁妈妈，如果生二胎，他就去死。我问他，你也这么认为吗？他答道，不会，等牙牙长大了，我还要跟他一起拼模型，我还要他做我助手。峻叔的脸上，写满了得意。

◎ 迎接

渐渐地，家里添置了不少东西：婴儿床、婴儿服、婴儿车、衣柜、澡盆、安全座椅……我们着手在为牙牙的到来，做各种准备。我的淘宝，因此升格为黄钻。

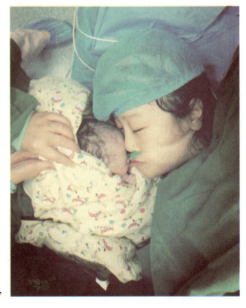

在衣柜里，放了几双鞋子，它们已经 12 岁了。12 年前，它的主人曾是峻叔。以后，它将在牙牙脚上延续。

在牙牙的床上，放了一只娃娃，

它已经 10 岁了。10 年前，它曾伴随峻叔成长了 10 年；以后，它还将伴随牙牙成长。

我曾说，生命是一种延续。原来，生命还会以这种方式延续。曾经，峻叔穿着那双纯白的鞋子，装模作样。以后，牙牙还会穿着那双被洗得发白的鞋子，继续装模作样。

12 年前，峻叔出生；12 年后，我们迎接牙牙的出生。出生前夕，我们分别给牙牙录了一段话。

峻叔说："牙牙，我希望你快点长大，健康快乐，和我一起爱妈妈，爱幼幼，还有爱高达。"

幼幼说："牙牙，明天，我就能见到你了，我非常激动又非常紧张。这意味着妈妈明天又要遭罪。对你来说，就是新生命的降临。爸爸希望你能健健康康、平平安安地出来，希望你爱妈妈、爱哥哥、爱爸爸，每天快快乐乐，爸爸爱你。"

我说："亲爱的牙牙，妈妈明天就要看到你了。首先，妈妈希望牙牙健康，很爱自己。其次，希望牙牙快乐。最后，妈妈最最希望的是牙牙永远爱哥哥，永远和哥哥在一起。"

2016 年 1 月 18 日早上 8 点 11 分，牙牙出生，身高 50 公分，体重 6 斤。

◎ 新生

我从来没有这么怕过死亡。

在那之前，我从来没想过要通过手术治好我的病，我不想跟病魔做斗争，我只想与它共存。但是，自从我知道牙牙到来后，我却活得小心翼翼、战战兢兢。网络上，那些新闻总令人揪心：有了 6 个月身孕的准妈妈，被查出癌症晚期。她面临着两种选择，要么引产，要么面临癌症扩散的危险。这样的新闻，不绝于耳。这样的选择，我想过无数次。

我曾问幼幼：如果选择保大人还是保小孩，你会怎么选择？我没等他回

答，我就说：一定要保小孩。但心底，我也害
怕，害怕各种意外。

　　在他只有 7 周大的时候，我就去
了医院做检查。检查的结果并不是很
理想，隐隐约约能看到，那个小瘤，
比牙牙稍稍大些。我想过，如果到
时候病情恶化，我一定要想方设法
保住孩子。

　　过了好些个月，我再去检查，小
瘤不见了。问医生：为什么我的小瘤会
消失？医生说：有可能子宫内胎儿太大，挡
住了，也有可能就此消失了。我去查了血液，我欣
喜地看到，癌胚抗原指数降到了正常值。

　　峻叔说：牙牙是来守护妈妈的。直到现在，他还坚持地认为，就是因为
牙牙，妈妈的病才好了起来。

　　生牙牙的前一天，我辗转反侧，睡不着。我仍然害怕各种意外。幼幼在
旁边签署各种协议，这是他第一次，为我做决定，我却有一种我的生死即将
要交到他手上的感觉。我和主治医生谈，如果剖腹时，看到那块小瘤，希望
能帮我切除掉。

　　第二天早上，手术开始。我的情况比起一般孕妇来说，有些复杂，除了
产科，其他好些个科室的主任都在手术室待命。手术过程中，我呕吐得特别
厉害，直冒冷汗。我渐渐失去意识，再清醒，再模糊，再清醒，我依稀听见
的，是："快，血压急速下降了。"医生和护士把我的头侧向一边，防止因呕
吐物堵塞鼻腔、呼吸道等导致窒息。

　　打了麻醉，意味着需要迅速地剖腹，不然牙牙在里面也会受到麻醉的副
作用。然而，我是疤痕子宫，当年生峻叔时，手术也留下一些瑕疵，我的主
治医生需要把一层层黏在一起的肉剥离，然后再缝上。

　　整个过程比较棘手。我回想起当年生峻叔，同样是躺在手术台上，听

见医生剪开皮肤的声音，并从头上面的反光镜中，看到医生操作的所有过程。这一次，我看不到，在半清醒的状态中静静等待新生命的降临。

"哇"的一声，被脐带绕颈两周的牙牙，头还没出来，便哭了起来。听到哭声，我也哭了。我日日期盼着这天的来临，并为此心惊胆战了这么多天，终于，我听到了他的哭声，终于，我可以见到他。不管手术还没完成，我坚持要给他一个吻，我说过，我一定要把他的初吻夺了。

牙牙出生了，但我的手术仍在进行。医生打开了腹腔，告诉我，从此我心里悬着的石头终于可以落下了。

经历了两个多小时，我的手术终于结束。我被推出手术室，幼幼给我递来一张纸条，上面写了一段话：

亲爱的早儿姐，以后，就要叫你伟大的牙牙妈妈了。

当你被推进手术室的那一瞬

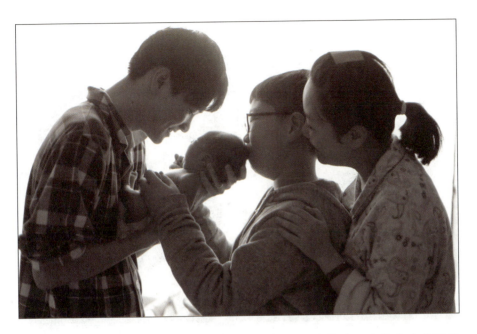

间，我忽然发现，我还有一件事没有来得及做——为你跳一次你喜欢的圈圈舞。待你出来后，我一定要为你跳一次。

孕吐、变胖、睡不好、腰痛……这么多天来，你承受了所有我未曾承受的痛苦。我突然觉得我很对不住你，怎么没有对你更好些，让你更开心些，尽管我自认为已经做得很好了。思绪涌心头，下笔却更难。

我想说，我永远爱你，爱峻叔，爱牙牙。我们永远不分开！

许合鹏 2016 年 1 月 18 日

牙牙出生后，我胖了，还胖了不少，用"面目全非"来形容也不为过。但我却很快乐。生完牙牙，躺在病床上，我全然忘了我的身体还没痊愈。一天晚上，我醒了过来，狂笑，因为我做了一个美梦。生完孩子的那几天，我非常亢奋、高兴，似乎忘却了，身上的那一道伤疤，才刚刚缝上，也忘了，我还没有办法自主翻身，自主上洗手间。

随着身体渐渐好转，我开始更懂得爱惜健康，我的生命，不再只是我的

生命，我还是一家人的希望。深深爱着我的他们，需要我的陪伴，需要我一直爱着他们。

我开始更害怕死亡，我害怕坐飞机。每次出门前，我都要给他们一个深深的吻，在登机前，我一定要给幼幼发一条短信，告诉他，我深深地爱着他，深爱着我那两个小宝贝。

我开始更努力地工作，希望能给他们更好的生活，希望他们所用的每一样用品，都是健康的、安全的，希望他们能避免一切能避免的危险。

我仍然还是会碰到有人问我："早儿，你的身体怎样了？全好了吗？"我会回答："我不知道未来会怎样，但是，我明确地知道我今天是健康的，我今天非常好。"

2016 年 4 月 26 日，牙牙百日，那一天，是我妈妈的诞辰。峻叔说：原来，牙牙和外婆共享一个灵魂。我说：还有妈妈，还有你，我们和外婆、牙牙，都是同一个灵魂。

新生，不仅仅是牙牙的出生，也是我的重生。

如果你也来，
我从现就会感到
幸福引!

第五章
我的演说之旅

我的演说之旅

在我生病后，一个比我小九岁的男孩走进我的生活，照顾我和我的孩子，给我承诺和希望。《我是演说家》这个舞台，对我而言或是一次机会，让我得以在一个万众瞩目的场合肯定他。同时也表达对他的感谢，感谢他在我最不堪的岁月里，从来都没有抛下过我。

◎ 我站上了《我是演说家》的舞台

2014年初，我收到北京卫视《我是演说家》的邀约，《演说家》系列是我很喜欢的节目，但同时我也有很多担忧。

四年前，我刚经历妈妈离世，自己查出患病，独自一人带着年幼的儿子生活。经朋友推荐，我参加了湖南卫视一档音乐竞技节目《女人如歌》。我在节目中认真演唱每一首歌，讲述我的故事，我希望通过歌声告诉妈妈我有多爱她，告诉自己可以很美好，告诉儿子我会一直陪伴他。节目播出后，我受到了一些网友的关注，也常常会收到网友的祝福。参加完《女人如歌》后，我总是会接到各种节目邀约，希望在节目中讲述我的故事。单亲妈妈、经历重症，这些标签在节目中很容易吸人眼球，达到提升收视率的作用。而对我而言，我并不希望成为大众的焦点，在那个舞台上我已完成自己的心愿，现在，我只希望给自己和身边人一个平静的环境。更重要的是，我并不是一个擅长使用语言的人，平时部门开会都不愿发言。参加"语言竞技"类节目在我看来需要巧舌如簧，能言善辩，我一定不适合。

但是，如果能在这档节目演讲，对我又有特别的意义。思考了很久，我决定接受挑战，并且赶紧投入了准备。我要在这个舞台上，讲述这段沉寂了一年，不被世人所认可的感情。

第一期主题定了"爱情"之后，我便开始反复地修改稿子，反复练习。这是一次不断磨灭自信心的经历。朋友听完我的演讲之后，调侃说："你这个跟知音体没啥区别。""我觉得你的故事，比你说的强太多了。""你不说话，只看着你的笑容，我会觉得更感动。"面对各种扑面而来的负面评价，我心里既难过又无力。我找不到让自己进步的任何方法，甚至说我根本都分辨不了"什么才叫好的演讲"。最终在舞台上，我只能认真讲述自己的故事和感受，很幸运地进入乐嘉老师的战队。

参加节目之前，我就了解过乐嘉老师，读过乐嘉老师性格色彩的系列书籍，知道乐老师在性格分析方面功力很深，能够帮助别人解决自身问题，获得更好的生活。我非常喜欢乐老师的《本色》："自剖越深，活得越真。"我需要自我剖析，直面自己。生活中，我常常会听到身边人评价我："章早儿太坚强了。""章早儿太勇敢了。"但事实上，我并没有想象中那样强大，我只是遇到了一些事，又幸运地度过了而已。在未来，我不仅仅需要这样的自己。我需要乐嘉老师对我一针见血的评价和分析，需要乐嘉老师的建议和帮助。

我喜欢笑，但我也有过无数的挣扎和痛苦，我不能再把那些眼泪藏在枕头下面，而要直面那个未知而真实的自己。我不仅仅要活着，我更需要让自己活得灿烂和美好。这一切的念想，从乐嘉老师拍灯的那一刻开始，便愈发激荡。我知道，美好就快来临，我必须要努力。

在乐老师帮助下，我不断突破自己的极限，勇敢面对内心深处的软弱，在节目中又完成了《完整的爱》和《命运的瞬间》两场演说。更重要的是，节目之外，我成了乐老师的学生，跟随乐老师学习演说，学习性格色彩，成为一名演说者。

演讲的奥秘——六字箴言

为了更系统地学习演讲技巧，我参加了乐老师的演讲课程。虽然已经参加节目，做过几场演说，但从专业上，我依然是一个演讲零基础的人，我很高兴能够来到这儿学习演讲基础知识。

在课堂中，乐嘉老师分享了演讲稿撰写和演讲技巧，该怎样去做对比、该如何运用排比、内容准备应以小见大、从个人到事件、痛苦放大法、收获放大法……这一切对于我来说，是新鲜的，这是一个我从未接触过的领域，一次次刷新着我对演讲的认知。

在课程中，乐老师总结了演讲最重要的三要素，即感受的挖掘、演讲稿的组织和舞台呈现。"挖掘、组织、呈现"被奉为演讲"六字箴言"。"六字箴

言"也成了我学习演讲的核心准则。

演讲前，把事情往深处想

在分享环节，一位单亲妈妈上台述说了自己和儿子的故事，她几乎是哭着说完的。同样作为是单亲妈妈的我，能真切感受到她对儿子的那一份愧疚。于是，在我演讲的时候，尽量地展现我的笑脸，我想把我作为一个单亲妈妈，所有的幸福都呈现给其他人。我想告诉她们，我妈妈对我的教育以及我对孩子的教育，让我过得无比幸福，我完全没有缺失感，单亲家庭仍然可以很幸福，我自信地讲述着这一切。

演讲完之后，各位老师都对我的演讲做出了评价，各位老师在评价的时候，我有意地去观察那位单亲妈妈，她低着头，长发掩住了双眼，我很明显地感受到她一直在哭泣。当乐嘉老师问她要不要发言时，她摇头，手里一直紧握着纸巾。那一会儿，我心里有些伤感，我原本以为我能带给她力量和勇气。

后来，在与乐嘉老师的谈话中，老师告诉我，那个单亲妈妈的哭泣，并不只是因为跟我同样命运。单亲妈妈这个群体很庞大，我在这群人中，无疑算是幸福的。可是，有更多的单亲妈妈，她们变成单亲妈妈是因为无奈，还有些可能曾遭遇家暴。并非所有的单亲妈妈，都如我同样的性格、心态和遭遇。

乐老师认可我对儿子的教育方式，他对我说："你做的是对的。"可是，他也告诉我，这份稿子，对其他单亲妈妈来说，有些"站着说话不腰疼"，美好固然是最好，但没有人会是圣母玛利亚，遭遇不一样，方法和结果怎么可能一样。我如果想要把单亲妈妈这个话题讲好，我必须要理解她们的心情，理解她们的感受，然后，再去为她们加油打气。

我的心情变得极为复杂，我一直以为，其他单亲妈妈如果能看到我这样幸福快乐，一定能给她们带来正能量。我以为，我告诉她们，不要去怨恨孩子的爸爸，才是最好的方法。但此刻，我深深感觉到，将心比心，如果我成为单亲妈妈的原因和她们一样，我该是什么心情？估计也是很难去原谅那个毁了我一生的男人。

　　培训的第二天，那位单亲妈妈走到我身边，我陪了她很久，我不再不停地跟她说"加油"，不再不停地把我的想法我的经历告诉她，不再坚持"看，我能过好你也能过好"。我认真地听了她的故事，认真去感受她的感受，然后深深地拥抱了她。那一刻，我惶恐又无比幸福。她对我轻轻地说："昨天听你的演讲，我想通了一些事情，谢谢你也能听我的故事，我们一起加油！"我拥着她，对她也对自己说："要加油！"我感谢那位单亲妈妈的勇敢，感谢她原谅我曾不小心伤害过她。

　　经历这段插曲，更让我明白，同一件事在不同人的经历中有不同含义。原本我以为演说就是把自己想讲的内容讲出来，但现在我明白，作为演讲者，必须去了解我们的听众，听众能否理解以及感同身受至关重要，打动听众的演讲才是好演讲。

　　而这便是属于"六字箴言"中的"挖掘"的一个小点，把事情往深处想，往深处看，往深处讲，使其与听众产生共鸣。学习演讲之初，常常会发现我的演讲稿无法引起听众情感变化，根本原因也是在挖掘上做得不够。

组织演讲稿，把事说得更清楚

　　在成为演说家之前，我在报社做了八年策划及编辑工作，养成了很强的策划语言习惯。于是当我组织演讲稿时，总是保留了以前的习惯，将自己的观点直接用一个词就传达给听众。

　　最开始，我在写单亲妈妈的怨恨转嫁到孩子身上，对孩子造成负面影响时，在演讲稿里写道："这给孩子带来了巨大伤害。"我觉得"巨大伤害"已经足以表达一件事的严重后果了。但乐老师让我找了七八个人，一一询问对"巨大伤害"的理解。有人说可能是心理压力很大，学习成绩很差之类吧；又有人说，会不会是那种精神分裂，自残之类的；还有人说，我觉得"巨大伤害"可能是他对婚姻产生恐惧，影响他未来的婚姻观了。我惊讶地发现，几乎每个人对这个概念的理解都不同。

　　之后，我才明白，在组织演讲稿时，有一项重要原则一定要遵守，就是

"具象"。因为每个人的经历和认知不同，大家对一些概念的理解也会有偏差，而具象则是准确地告诉听众发生了什么，怎么发生的。

最终，我将演讲稿改成"久而久之，这个弟弟变得沉默不语，受到任何委屈都逆来顺受，他逃课、离家出走，能不回家就不回家"。

新的表达，让听众很清晰地知道在这个弟弟身上带来了怎样的改变，不需要我说明，所有人都知道了这一切对他造成了怎样的伤害，并且每一位听众接收到的信息都是一致的。

我开始在演讲中舍弃常年养成的文字思维，学习乐老师"六字箴言"中的组织技巧。

当我再次准备一篇演讲稿时，我会首先确定演讲中心观点，然后所有的演讲内容都为中心观点服务。这种写演讲稿的方法，保证了演讲紧扣主题，没有废话。当演讲有时间限制时，也可以根据时间安排演讲内容先后顺序和权重，确保了演讲不会太少，也不会过长。

怕，就不断去讲去练习

很多人都理所当然地认为上过电视演说的人，上台应该不会紧张吧，事实并非如此。

第一次在乐老师课堂上发言时，我依然非常紧张，尽管当时我已经上过好几次电视节目。因为我不清楚下面坐着的都是些什么人，不知道我接下来讲的内容他们是不是感兴趣。这种直接面对每一位听众的演讲，让我倍感压力。

相比之下，在电视节目中，有导师帮助我们不断优化演讲稿，排练演讲，所有的呈现都经历了千锤百炼，观众会积极互动，不必担心现场效果。

在第一次现场演讲之前，我找了很多缓解上台紧张的方法，有人说准备一个小笑话，缓解气氛，有人说可以和大家互动，带动大家鼓掌。我见过很多人用这些方法达到很好的舞台效果，但我知道这些方法在我身上很难奏效，我的性格注定了我不是一个热情奔放或是自带气场的人。

于是，我把所有的焦点都放在两个问题上，我不停去想：下面的听众最想知道的是什么？关于这个问题我能给他们什么？

当时下面的听众是一起来上演讲课的同学，虽然每个人的身份和经历不同，但至少我可以确定的是所有人都是对演讲感兴趣的。那么，大家在这里最想听到的一定是关于如何提升自己演讲能力的分享。

我的分享怎么与"如何提升自己演讲能力"吻合，成了我要考虑的第一个问题。我是乐老师在节目中的学员，我在进入课堂之前跟乐老师学到了什么，以及作为节目选手，在电视比赛节目中对演讲的看法，可能大家也感兴趣。

在这样的思路下，我准备了自己的演讲，分享了乐老师对我演讲和个人的帮助，并且表示了自己也是初学演讲，希望和大家一起进步。

当我开始在台上分享这段演讲时，我对内容和自己接下来的表现都很有信心，也就谈不上任何紧张感了。而听众也非常投入，现场气氛非常好。

在乐老师演讲课程中，专门就"呈现"做了讨论，也是"六字箴言"最后一项要点。其中，着重讨论了如何解决上台紧张的问题。

每次登台前，我们总是会担心听众会如何回应，现场效果会怎样。于是，我们会设计各种互动环节，练习语气语调，学习笑话。

但真正的信心来自于对演讲内容的把握，当我们讲述自己亲身经历过或观察研究过的内容，深入挖掘感受，认真组织内容，演讲过程中真实地讲出我们要说的故事，听众自然能感受到我们的感受。

另一方面，乐老师特别强调，紧张来自于我们对舞台的不熟悉，大量练习，熟悉舞台，将能够很大程度上缓解我们的紧张。

对演讲而言，真情实感很重要，但要想成为真正的好的演说者，必须要坚持学习和不断的练习，抓住所有可以"说"的机会。

在跟随乐嘉老师学习的这段时间，我将乐老师关于演讲稿组织的技巧应用到我的演讲准备中，我觉得很有收获，当我要准备一段演讲时，我不再迷茫烦躁，我会快速确定核心观点，然后寻找支撑观点的论据和故事，从而完成我的演讲稿。那些易懂的方法会让我在未来，不再为演讲稿而整夜绞尽脑汁。

乐嘉老师教给我的"如何才能更有力量""如何才能收放自如""如何自然地走动以加深观众印象"等等，让我对舞台的把控有了初步的理解和认识。而且，我不再惧怕说话，不再惧怕舞台，并且在心里给自己定下了一个目标，我想要成为一个"演说家"。

要成为好的演说者，非一日之功

节日播出后，我的微博私信里有很多问候，也有一些高校发来邀请，邀请我参加学校的一些讲座。

在《我是演说家》比赛快到尾声时，在乐老师的指导下，我曾经准备过一篇关于《人生，没有绝对的预判》的主题演讲稿，我结合自己以及身边人的真实经历，想要告诉所有听故事的人：我们曾遭遇过的所有看起来理所当然的预判，并不一定是绝对的。

我带着这些在舞台上未能呈现的故事，走进了南方医科大学，和一群未来会成为医生的小朋友们分享。那场演讲与我之前所有的演讲都不一样。我没有着重在讲自己如何"重生"，我讲述了在患病那段日子，我所有的心路历程，讲述了作为病人家属，与医生之间微妙的相处方式。

我告诉他们我的真实感受：好的医生，不仅仅救命，连同心一起救。熬不过那段岁月，我不会是今天的我。

在讲述了所有最真实的感受后，同学们给我写了很多卡片，最令我动容的，是好几个同学写着："你更坚定了我想做医生的梦想，你的讲述，会让我希望努力成为一个更好的医生。"那一晚，很多孩子过来拥抱我，我都用力地抱紧他们，他们在向我传递力量的同时，我也将我的力量传递给他们，他们鼓励我的同时，我也告诉他们：你们都是未来的医生，是带给人们希望的天使，你们给予我的每一个鼓励和拥抱，对于我而言，都是非常的重要。

与往常有改变的是，我现在非常在乎演讲完毕后，和同学们的互动，因为这直接证明了我的演讲是否有实质意义。

原本，我以为是舞台、聚光灯、节目放大了感受，但这次南方医科大学的演讲，让我真正体会到了语言的力量。

第一次去医学院演讲后不久，我又去了乐老师演说课程的复训，我向乐老师汇报了我的演讲和感受，以及后续的计划。我把《人生，没有绝对的预判》这个 7 分钟的演讲，扩充到了 45 分钟版以及 90 分钟版，我想把这个故事，更完整地带到更多人的身边。

乐老师一如既往给了我最大的支持和鼓励，这不仅仅是语言上的鼓励，更重要的是对我演讲能力的不断提升。

乐老师告诉我，成为一名真正的演说家，必须要多听、多说、多练。

所以当有一些单位或企业邀请我分享自己经历或者演讲技巧时，我欣然前往。我得到了当地宣传部门邀请，讲述自己的故事，传递正能量，在一个系列活动中跟不同群体交流。我的工作室开始启动了"人生，没有绝对的预判"全国巡回演讲，我陆续走进了全国十余所高校。

一年多时间，我和数万人面对面，完成了几十次演讲，我希望我的每一次演讲，都能带给人们力量。我开始把演讲当成我生命中特别重要的一件事去做，乐嘉老师曾经送给我一句话："当你的付出对其他人有价值时，你的生命将会是充实并且有意义的。"

今年四月份，我应邀到一个职业技术学校做演讲，邀请时校方特别强调，这些孩子都处于青春叛逆期，学校为了帮他们建立正确积极的价值观，花了不少心血。

当时全校两千多学生全部到场，面对这一群稚气的脸庞，我做了《人生，没有绝对的预判》主题演讲，分享了我的经历。当我说到自己小时候的趣事时，所有人都鼓掌大笑，说到妈妈生病那段时间的经历时，很多人跟着流泪，当我展示我和儿子一起创作的作品时，大家都很羡慕。

最后我告诉大家，可能有些人会觉得我们并不够优秀，甚至我们自己有时也会这样认为。但如果我们接受这个预判，放弃成为一个更优秀的人，结果只会让别人嘲笑，让自己后悔。当然我们还有其他的选择：不论经历什么，都要选择最美的姿态生活，因为"人生，没有绝对的预判"。

演讲结束后，学校特别组织了一次"人生，没有绝对的预判"挑战活动。两个月后，主办方联系我们，"汇报"挑战结果。几乎全校学生都参加了活动，并且大约 700 人已经完成了第一项挑战，开始了新的挑战，还没有完成挑战的同学正在进行中，没有任何人放弃。

在两个月时间里，有人学会了自己洗衣服，有人看了 10 本书，有人从 170 斤减到了 130 斤，有人背了 3000 个英语单词，有人正在利用课余时间学一门外语，还有人组建了团队准备开展公益活动。每个人的挑战难度不一，但大多是之前别人或者自己认为不可能完成的事。

一位男生在自己的活动感想里说道：参加这次活动后，我开始用更积极的态度面对一切，尽管和早儿姐的经历比起来，我的挑战不算什么，但我想，这对我来说只是开始。我不再轻易相信别人的预判，而是努力坚持，积极寻找方法解决问题。我用一个月时间完成了第一个挑战，接下来还会有更多挑战，加油！我非常开心我能给孩子们带来帮助，更感谢这所学校的领导，用这样的方法让我的演讲更有力量。也许这就是乐老师所说的，"好的演说能引发思考，让人有所行动"。

随着演讲的开展，不断有组织邀请我分享演说技巧，担任专业指导，或者担任各类比赛评委。我很珍惜这些机会，并且不遗余力想要做好这些，必须做好这些。

在各个高校演讲比赛现场，我发现大部分同学的演讲都陷入了套路，爱喊口号、无病呻吟。但是这些同学与我在私下的交流却都很好，表达清晰，观点明确。我把乐老师曾经用心教给我的，又真心地去教给他们，应该如何将真实的感受，用平常的语言分享出来。

逐渐地，我从一名演讲者，成长为一名可以帮助别人演讲的人。我在工作室的支持下，开始开设演讲相关课程，让更多人开始理解，怎样才能更好地做出打动人心的有意义的演讲。

2015 年，我被当地一所民办中学聘请为学校演说成长导师。2016 年，与当地一所学校共同成立"演说孵化基地",合作打造当地演说品牌。从一开始的不会演讲,走上演说家的舞台,得到乐老师的支持和培养。到走向各种不同的舞台,面向不同听众,用演讲帮助他们,改变他们。现在,我已经不仅仅是一位演说者,还以讲师身份帮助更多人成为演说者。

这一路的改变,最重要的,是来自乐老师的支持和不断的指导。另一方面,来自抓住所有机会,不断练习和挑战。

任何演说家都不是一天炼成的,但几乎所有人都有机会成为演说家。

◎ 演讲让我成为更有力量的人

当我认真回顾成为演说家一路的收获,发现学习和练习在演说家成长过程中如此重要。

两年前,我认为演讲和我没有任何关系,也认为我并不适合演讲。但在两年的学习和蜕变过程中,我开始意识到,在生活中除了与最亲近的人闲谈聊天,其他任何一次谈话其实都是有"目标"的。

当我要和先生商量,给儿子换一所学校时,我也会用演讲中"挖掘、组织、呈现"的技巧。首先想,对他来说最关注的是什么,然后组织我的语言,最后选择适当的时间,用商量的口吻跟他说,并且分析每个环节的利弊。原本可能要讨论很久的问题,一次谈话就做出了决定。

在餐厅对服务态度不满,我既不需要忍气吞声,也不用大声呵斥。只需要找负责人做一次简短对话,用最简单的语言说明情况和需求。其实这也是一次演讲,并且比大声呵斥效果要好很多。

当然,创业中与合伙人、投资人对话,与客户对接,这些都需要演讲。因为懂得演讲,我就可以减少说废话、拖沓的毛病。我会首先分析对方需要什么,挖掘内容信息,组织说话逻辑,最后根据对方交流风格,用对方喜欢的方式呈现出来。这样的谈话方式,让我在职场显得更专业,对合作也更有利。

从不懂演说到专业演说者，我学习了演讲稿的撰写技巧，对"收"有了更为清晰的思路；在不断练习中，我明白了怎样才算是好的演讲者，如何留住听众，怎样的语言更有力量，开始知道如何去"放"；最重要的是，我意识到了演讲的意义不仅是说出自己的故事，更多在于引发思考和带来社会价值。

对于好演讲的认知，也有了巨大的转变，正如乐嘉老师说，好的演讲者，能够让听众在几个月之后，回想起这次演讲，仍然能够用两句话来叙述他当时讲了什么。好的演说，要么情动全场，打动观众；要么和听众有关系，让他们受益。作为演说者，要始终明白你来演讲的初衷和意义，要真诚，要有坚定的信念和决心。

而在演说技巧方面，我最认可的是乐嘉老师提出的"技巧可以训练，感受无法替代"，演讲技巧固然重要，但如果没有真情实感，技巧只是空壳。

在乐老师的课堂上，提出了最核心的"六字箴言"，对我的演讲提升帮助非常大。而在此之前，我能找到的所有关于演讲技巧的教学内容，绝大多数都只关注"舞台呈现"板块，极少数会提到演讲稿的组织，而对感受的挖掘几乎没有被提到过。

我们过往接触的演讲教学，更多的将注意力放在手势动作、舞台走位、情绪渲染上，但事实上脱离了"挖掘""组织"，过分强调"呈现"只能短时间激发听众情绪，无法实现演说真正的价值。

而我作为一位故事型演说者，我的演说几乎都是以自己和身边人的故事为内容，但面对不同受众，都会引起听众不同的思考。故事本身并不会说话，而演说者则可以通过"挖掘、组织、呈现"讲好故事，引发听众思考。

无论是谁，无论是故事型演讲者还是观点型演讲者，演讲需要不断听、写、练，每个人都可以找到适合自己的演讲风格。不论我们从事什么行业的工作，掌握"六字箴言"都可以很快掌握演讲技巧，即使是即兴演讲，也可以完美呈现，张口就来。

演讲改变了我，也可以改变你，愿与所有朋友在演讲的道路上携手同行。

致乐嘉老师：

我是一个很喜欢去表达爱的人，我喜欢对我爱的人说："爱你。"我不知道其他人会怎样去解读这两个字，在生活中，我很少遇到有人跟我说："爱你。"别人也很难理解我会去说："爱你。"他们都觉得我怪怪的。

每个人都有自己不同的表达方式，乐嘉老师的"爱你"，比说一百句"你很棒""要加油"都管用。我悄悄地观察了您，您对我、梁植、李帅、寇乃馨、库尔班江等谈话和鼓励的方式都不一样！我觉得这就是性格色彩的魅力！我要感谢乐嘉老师用我的方式鼓励我，这个方式是我的，而您，这么容易就读懂了我。

红色孩子啰唆地再一次最后补充：

我更爱你！感谢乐老师一路指引！

有一种爱情，向死而生

我曾与儿子谈论爱情，儿子说："爱一个人，就是我永远都不会抛下她。"听到这句话的时候，我心里很内疚，我觉得他和我在一起遭遇了那么多的失去，我觉得对不住他。所以，我必须要好好地活下去，让我的儿子能够有一丝依靠。

我想请问在座的各位，你们相信爱情吗？我相信。但是我曾经觉得我没有资格相信。单亲妈妈，重症病人，又在最需要的时候被最信任的人抛下过，我拿什么去相信爱情？

当我独自在病痛中挣扎，男孩伸出他的手，跟我说要照顾我，他刚刚大学毕业，比我小九岁。但我必须要相信他，就好像他是一根救命稻草，我很自私地想要留他在身边。

那时我生活比较不能自理，我需要有一个人能够时时盯着我，他叮嘱我吃药也好，他帮我照顾我儿子也好，我就是很需要有这么一个人。我也很需要他，来为我处理随时可能会到来的后事。我会叮嘱男孩，要把我和妈妈葬在一起，一定要供我儿子读完大学。

每一次跟他说这些的时候，他都会很认真地记着。当然他也会用行动去兑现他说要照顾我的承诺，开始学习那些他从没做过的事情，洗衣煮面、端水送药、替我制定健康计划……

在男孩的悉心照料下，一天天地，我越来越抖擞，也越来越依赖他。但是，我心里还有无数的害怕，我害怕那些无边无际的疼痛永远都不会过去。我害怕拖累他，害怕他遭人嘲笑，害怕他父母伤心，害怕他会面临我的离开，害怕他会孤单，我觉得自己在毫无指望地活着。

去年一个寒冷的夜晚。我突发剧烈疼痛。男孩只能用尽蛮力，扛着我来到医院，那一宿，他死死地盯着输液瓶，眼睛都不敢眨一下。

从那晚开始，我终于跟他敞开心扉，我告诉他其实我还是有很多的恐惧，还有很多的愿望。他抱着我跟我说，"你不会孤单的，如果真到了最后一天，我一定给你披上婚纱。"

爱的不可思议不就是这样吗？一起走过的那些艰难，令我们忘却了年龄世俗，忘却了生和死，也让我们产生了奇妙的火花。今年生日那天，男孩用他所有的积蓄送给我一枚戒指，他对我说："等我强大了，让我保护你。"

其实直到今天，我仍然不知道我们下一步还会再面临什么，但是当我的儿子跟他称兄道弟，去哪都要牵着他手。当我们像一家人一样彼此依靠的时候，无论我们下一步会面临什么，我都会鼓起勇气，与他一起面对难以抵御的病痛，面对所有的不安定。

等到明年五月，我就会度过三年生存期了。我们开始憧憬，普通人拥有的幸福，我们也可以拥有。

有时候我在想，或许我们大多数人的爱情与婚姻，需要去满足很多条件，我们希望门当户对，希望有房有车，希望工作稳定，希望身体健康……

但是，即便是我们满足了这所有的条件，我们的人生就不会再面临风雨吗？我们更需要的是真情与勇气，引领我们一直走下去。

爱的本质，本就应该只是两个相爱的人，愿意永远生活在一起。爱是恒久忍耐，又有恩慈，爱是执子之手，相守相依，爱是永不止息，爱一个人，就永远都不会抛下她。

完整的爱

如果提到"单亲妈妈"和"单亲孩子"，大家会有怎样的感觉？我知道在大多数人的眼中：单亲家庭长大的孩子因为遗失了一些父爱或者母爱，性格往往会有重大缺陷。

我认识一个男孩，一直把他当亲弟弟看待。他的妈妈未婚先孕，他还没有出生的时候，就被爸爸抛弃了。从小，妈妈就在他面前，没日没夜地指责他爸爸，整天跟他说："我这辈子最后悔的事，就是认识你爸爸。"

久而久之，男孩变得沉默不语，逆来顺受。他逃课，离家出走，常常在外面躲起来，没有人知道原因。直到有一天，这个弟弟告诉我，原来他觉得他的出生就是一个错误，他宁愿他没有存在过。

这个男孩是不幸的，但他妈妈也同样不幸。因为未婚先孕，邻居说三道四，他妈妈只能挺着肚子被迫离开了熟悉的家，一个人到处找工作，可没有人会愿意招一个孕妇。后来，她只能找一个破烂不堪的屋子，开一个极不起眼的小杂货店，靠着这微薄的收入，养活自己和孩子。

所以，男孩的妈妈怨恨那个男人，怨恨那个让她变成单亲妈妈的男人，怨恨那个几乎毁掉了她一生的男人。更不幸的是，她把这份怨恨又毫无保留地转移到了自己孩子身上。

我也是一个单亲家庭长大的孩子，现在，又变成了一个单亲妈妈。常常会有人很直接地说："章早儿很可怜，从小没有爸爸。""章早儿很不容易啊，她要一个人养活一个家。""章早儿这日子，该过得有多艰苦。"

是的，我承认这些说法。但是，相比较起前面说的那个弟弟，我是幸运的。

在我四岁那年，我的父母离婚了。我跟着妈妈一起生活，小时候我曾经痛恨过我爸爸。为什么生下了我，却又不陪我长大？

在学校写作文，我只会写《我的妈妈》。同学们会问我，你没有爸爸吗？为什么只会写妈妈？我讨厌回答这样的问题。我常常会在妈妈的面前哭，我问她，为什么爸爸会离开我们？

但是我的妈妈从不说爸爸的不好。妈妈告诉我："爸爸妈妈不再相爱，分开了。但是，妈妈会一样爱你，妈妈一定不会让你的爱比任何人少一分。"

在我成长的历程当中，我最伤心的时候，是我爸爸再婚的时候。我觉得妈妈养我这么辛苦，他凭什么可以开始新的生活？爸爸结婚了，他不会再爱我了。

我妈却告诉我，爸爸幽默又富有智慧，长得又好看，正如妈妈当年爱上爸爸，肯定有很多女人爱上他。但血浓于水，你永远都是爸爸的女儿。

渐渐地，我长大了，我不再怕别人问我，你爸爸妈妈离婚了吗？我会告诉别人，我是和妈妈相依为命长大的，妈妈给了我所有的爱，我得到的一点也不比别人少，我又不是失去爸爸，只是爸爸不在我身边而已。我还会拿着爸爸送给我的礼物，给我的小伙伴分享。

在我二十九岁那一年，妈妈因为肺癌晚期去世了。妈妈去世的时候，爸爸陪在我身边。这是我长大以后，第一次与爸爸深聊，我发现了一个秘密。

原来妈妈在这些年里，一直与我爸爸保持书信和电话联系，妈妈会提醒爸爸在我生日的时候给我送祝福。妈妈在我结婚前，给爸爸写了一封信，她写道："无论你认为你有多爱我们的女儿，你对她都应是亏欠的，这一次是女儿最重要的时刻，无论如何都请你请所有的亲戚到场，给我们女儿撑足面子，让她完整地，去拥有她新的人生。"

二十七年了，我并不知道在这些日子里，我妈妈都是怎样在苦心经营着我的快乐，我不知道她是怎样说服爸爸，坚持对女儿付出爱，我甚至都不知道她都经历了哪些艰苦和磨难。但是，我感激我的妈妈，感激她为我编织了一个美丽的童话，让我觉得我成长的历程中从来没有缺少点什么。

妈妈的教育影响着我，所以我成为单亲妈妈之后，我也会尽量把更多的爱，更多的笑容，给我的孩子。我的儿子，今年十岁，离开爸爸生活已经六年，但他总能记得在父亲节给爸爸写卡片。我希望他和爸爸能够常常见面、常常通电话。我尽量去学着做爸爸也会做的那些事。曾有人问我的儿子，你没有爸爸，会不会比较不快乐？儿子总会告诉别人："不会啊，我妈妈什么都会做。而且，我爸爸只要有时间，都会请我去吃牛扒的。"

今天，我站在舞台上，说单亲妈妈这个话题。如果我能回到从前，我想去告诉那个弟弟的妈妈："或许我们因为单亲，生活变得更加艰辛，或许我们已经千疮百孔，或许我们很难去原谅那个男人的离开。可是，当彼此分开的时候，我们不要把单亲妈妈的泪水，流在孩子的心里。不要让我们的孩子，认为他的出生就是一个错误。"

今天，在社会上有很多与我一样的单亲妈妈，我不知道都是怎样的原因使她们选择独自去承担那更多的艰辛。但我想，我们必须接受孩子父亲缺席的事实，然后告诉孩子，我们和普通的家庭没什么两样，只是我们的生活换了另外的一种方式。

如果我们带着责难去生活，我们只会带给孩子愤怒；

如果我们整天顾影自怜，我们只会带给孩子自卑；

如果我们不能学会坚强，我们只会带给孩子脆弱。

如果连我们自己都无法自信和勇敢，我们孩子的性格，怎么会在健康的轨道上前行？

在人生的道路上，我们看似遗失了一些美好，或许我们的家庭不完整，但我们要一定要坚信，我们依然能够拥有，完整的爱！

生命的尊严

我们都知道，生命在本质上是脆弱的，生老病死是每个人都逃脱不了的命运。但遗憾的是，我们既没有选择生的权利，也没有选择死的权利。

从2010年开始，我就长期与肿瘤病房结缘。肿瘤病房是我觉得待得最难受的地方，那是一个毫无生机的地方，我常常能看到光头的、瘦骨嶙峋的、眼神完全空洞的病人，哭着说：让我死去好了，让我死去好了。

我的妈妈，就在那样的地方，勇敢地与病魔作战了两年。妈妈去世前一个月，毫无防备的脑转移，使她突然不再认得我，她只会喊着叫着，说痛。几针吗啡打下去，即便进入了浅昏迷状态，她都仍然死死地咬着被子，甚至是手脚都被绑在病床上。那时候我心都要碎了。但令我更难过的，是妈妈大小便失禁的时候。她只要能有一丝清醒，能说一句话，哪怕都不知道我是谁，她说的话都是："我能不能直接死掉。"我知道那是妈妈一生中最苦的时刻，一生中最没有尊严的时刻。

无奈之下，在临终病房里，我只能把止痛剂换成了比吗啡药效还要强八十倍的芬太尼，那会使她看起来好受很多。而用上芬太尼的结果，就是导致深度昏迷。

深度昏迷的病人，几乎属于脑死亡的状态，因为只靠输液和能量维持生命，各个器官开始快速衰竭。在最后的时刻，病人会因为器官的衰竭导致无法呼吸，大口大口吸气，然后停止呼吸，再大口大口吸气，再停止。

那个过程，是家属很难承受的。所以很多家属都选择在器官衰竭但尚有心跳的时候，选择拔管。

我不想为妈妈做任何生死的决定，我希望她活着。但是现实就是，我必须为她做出我一生中第一次也是唯一一次，为她做的决定。而那个决定，不是可以选择她生，仅仅只是可以为她选择临终镇痛方案，选择是否临终抢救，选择是否拔管。

作为女儿，签字画押的那一刻，意味着我亲手将最爱的妈妈送往死亡，这是一个死路一条的决定。我希望另一个世界，会让她再无痛苦。

后来我常常会回想起妈妈那些痛苦的时刻，回想起她的泪水，我觉得比什么都苦。我不想经历像妈妈那样痛苦的过程，更不希望像妈妈那样，到了最后时刻也没留一句话给我，我有太多太多的遗憾。所以我更害怕的是，自己毫无意识地死去，我希望至少，能在最后时刻，能留一句话，给我的儿子。

说到这里，可能有的人会觉得我在鼓吹安乐死。但事实是，在今年年初，父亲进了 ICU 重症监护室，我做出的是另一种选择。

那时候我在广东，父亲在湖北。当时医生在电话里说："如果现在插管，你爸爸或许有一线生机，但也很有可能因为插管太痛苦，在十分钟之内就没命了。如果不插管，不可能到明天。"

因为不想放弃一丝机会，所以我立刻做了插管的决定。第二天清早赶回老家，幸好他活着。而另一个跟他同时进了 IUC 的病人，当晚死于插管。这让我非常的后怕。爸爸在经历了八十六个小时的危险期后，苏醒过来，我对他说的第一句话就是："对不起。"

无论我对我的父母做出了怎样的选择，无论结果是生是死，我终身都会为做出的选择而内疚和痛苦，因为没有一个人可以决定另外一个人的生死。所以，对于同样逃脱不了生老病死的大多数人来说，我们或许终有一天，会面临两难的抉择。

一方面，走向生命终点前的挣扎，让很多人意识到有尊严地死去是多么的重要，就像因癌症去世的著名乒乓球运动员庄则栋所呼吁的那样，"能不能不要再做无谓、无可奈何的、痛苦的挣扎，使病人有尊严地加速离开？"

但另一方面，如果允许安乐死，那么无论从法律、医学、伦理上，我们都很难去界定怎么样的情况才算符合安乐死的标准，而且生命的价值可能从此无处安放。

我想很长时间之内，关于安乐死的争论还会持续下去，我也给不出任何答案。死亡并不可怕，可怕的是在走向死亡过程中，我们所承受的痛苦，以及留下的遗憾。我希望，我们每个人都有机会去决定自己的命运。我们不应该等到病人已经失去做决定的能力时，才由家属去做一个无论如何都会是错误的决定。

我希望所有的人都能美好地积极地活着，包括我自己。但是，如果我有那么一天，活着已经不能再让我感觉轻松愉快，我希望我能够有选择死的权利，我希望是自己去做人生中最后一个决定，一个会让我和我的亲人永不会后悔的决定！

人生，没有绝对的预判

这是一段我未能在《我是演说家》舞台上述说的一段演讲，故事的名字叫《人生，没有绝对的预判》。

在我们的生活中，"预判"并不罕见，甚至，我们从小就被各种各样的"预判"所左右。所谓"三岁看大，七岁看老"，我们往往喜欢通过一些或有或无的根据，予以他人预判：他成绩这么差，以后肯定考不上大学；他长得这么丑，以后怎么找工作；她受过那么多情伤，下一次一定不敢全情投入了；他犯过那么多错误，他会是好人吗？这些预判总是见缝插针地出现在我们的生活中，有人为之左右，有人无动于衷。

在这个故事里，有两个人值得一说。

她，今年将迎来八十大寿。二十年前，她身患乳腺癌，因此切除了半个乳房。八年后，在所有人都以为癌症已经彻底治愈的时候，癌症转移到了淋巴。那一年，她已经将近七十岁。

在她身上，癌症、高血压、心脏病等各种疾病并存，这让她没有办法再像二十年前那样，化疗、放疗、手术。从那时开始，她的生命里，就与这个新的肿瘤休戚与共。

从医学上来说，这种情况属于继发性癌细胞转移，生存的可能性非常小。对这个老人来说，她的每一天，都有可能是最后一天。就这样，这个肿瘤就跟着她，直到现在。她现在的每一天，就是和她的老伴儿晒晒太阳，打打牌，打理自己的小菜园。

他，瘦骨嶙峋却精神矍铄，每天离不开氧气瓶但身边总要有一个哑铃，虽被下过三次病危通知书，但活到了现在。

十几年前，他被诊断为阻塞性肺气肿，他的双肺有四分之三已经被纤维化，换言之，他的肺功能只剩下四分之一。这样的人，如果不带着呼吸机，是很难以生存的。前年，他突然被送进了ICU重症监护室，全身被插满了各种管子，医生说，他命悬一线。几天的时间里，他经历了肺功能衰竭、经历了呼吸停止、经历了心脏骤停，几乎所有人都以为，这一关他挺不过去了。

在七十二小时之后，他醒过来。一年后，他考了驾照。人家问：是不是驾照被吊销了？他说，不，我是初次考试。

他们都是被预判生命随时存在危险的人。如果那些预判都是成立的，那么对于他们来说，活着的每一天都是奇迹。但现在，他们都挺好。上面的两个故事，都发生我的身边，一个是我姥姥，一个是我父亲。所以，我一直都坚信，我的人生不需要被预判。

人们常说，单亲家庭的孩子，不会有完整的爱。

在我四岁那年，父母离婚，那是我还不懂得什么是离婚的年纪。一天，同学告诉我，你爸爸妈妈不在一起了，你没有爸爸了。我急匆匆地跑回家，问妈妈：妈妈，是不是你和爸爸不在一起了？

妈妈回答我：是的，你的爸爸是一个非常聪明、优秀的人，不过爸爸妈妈不再相爱了，就好像你们班成绩好的同学，未必是你喜欢的朋友。但是，你要知道，爸爸依然是爱你的，他还是会给你买你喜欢的玩具，会和你一起逛公园，还会在你生日的时候，陪你一起过。

在我每一个成长阶段，妈妈给我的爱，并不比别人少，甚至让我觉得我是这个世界上最富有的人。这种富有并非财富，而是无忧无虑的成长。小时候，我每一次转学，妈妈就陪着我搬一次家，换一次工作。好不容易，成了剧团里的当家花旦，为了我辞职；在一家公司当了看似光鲜的中层领导，为了我在外面兼职。

她所做的一切，就是为让我觉得，单亲家庭的孩子也可以很快乐，我并没有比别人缺少些什么。

2012 年 7 月，我因为一次腹痛，去医院做检查。几天后，拿到化验单，上面清楚地写着"CA"。cancer 的简写，也就是恶性肿瘤。不管是化验单上的数字，还是亲朋好友，都仿佛在预判我不会再有美好的生活，因为我是一个单亲妈妈，带着一个八岁大的儿子，现在又连自己都照顾不好了，怎么会有美好的生活呢？但我不愿相信这些预判，我希望能像我的家人那样，创造奇迹。

于是，从来都懒得旅游的我，开始带着我的儿子到处旅游，还互相给对方写明信片，我为他开了一个私密博客，在里面述说对他的爱。

小时候，我很喜欢唱歌，从来都没有上过一节声乐课的我，特别向往美丽的舞台，以前这个愿望对我来说，太遥不可及了。可是生病后，我却实现了这个愿望。在很多人的帮助下，我在我们当地最宏伟的大剧院，举办了我的个人音乐会，有上千位观众来听我唱歌。那一天，我在舞台上放声歌唱，在那里，接受着所有人的拥抱和祝福。

2014 年，我收获了爱情，全身心地享受恋爱的美妙和热烈。

生病后的每一天，我坚持让自己的心情保持轻松愉快，坚持去做我想要做的事情。有句话说："如果你用正确的方式去过你的人生，命运自然会照看你。"这句话仿佛幸运地应验在我身上，几年过去了，我的检查结果一次比一次更好。2016 年，一个新的小生命来到了我身边，我们为他取名为：牙牙。

所有的迹象显示，我曾遭遇过的那些预判，并不是绝对的。其实，预判并不可怕。可怕的是，我们给自己各种悲观的预判："他不是那块料，考不上大学的。""那么难，我一定完成不了。""她受过那么多情伤，不会再全情投入了。""他犯过错，还会是好丈夫吗？""他不喜欢我，所以他不会看好我。"

但是，所有的预判，所有的理所当然，或许都会有一个"但是"。霍金曾因肌肉萎缩被预判活不过两年，但是，他活到了现在；贝多芬曾因双耳失聪被预判不会再有作品，但是，他却创作了伟大的《命运交响曲》；范冰冰曾因《还珠格格》被预判为丫头专业户，但是，她成为了范爷；梅西曾因得侏儒症被预判无法在运动场上驰骋，但是，他却成为了世界足球先生；马云曾因外貌被预判求职都困难，但是，他创造了伟大的阿里巴巴。可见，不是所有的预判都是绝对的。以坦然的态度面对它，凭借自己的努力，总能突破预判，创造奇迹。

人生之所以充满着惊喜，就是因为从开始到结束，一切都是未知，无法预判。在一次高校的讲座互动环节，一位同学问我："早儿姐，你遇到了那么多事，你会不会觉得自己很不幸？"我微笑着："亲爱的，幸与不幸，从来都不是过程，而是结果。我遭遇过不幸，但我又是最大的幸运儿。所以，无论我们经历了什么，我们都应该控得住虚荣、熬得起平凡、经得起苦痛，无论我们经历了什么，我们依然可以找到最美的姿态，去生活！"

感激在生命中遇见的每一件事，感激在生命中遇见的每一位老师，感激今日捧着这本书的你，我的朋友！

附录

峻叔的情话

◎ 微博版

早早是个很迷信的人，新年第一天，为了尊重她要的好意头，我睁开眼睛搂着早早，对她说了 2011 年第一句话："早早我真的好爱好爱你！"

2011—2—3

今天我考试考得很差。早早居然没骂我，因为她突然哭了，看到她哭了，我也哭了，她像小时候那样抱着我。早早，节日快乐！

2011—3—8

我答应早早，以后长大了也会和她玩的。如果我长大以后忘记了，早早就把这条微博翻出来跟我算账，我永远都会和她玩的。

2011—7—11

今天用"多么……多么……"组词，我组了一个"妈妈多么可爱多么狡猾"。她瞪着我，我马上改成了"妈妈多么可爱多么慈祥"。好像她还是不满意，我只能重新组了一个"妈妈多么可爱多么漂亮"……

2011—10—20

早早说："男生要独立，即使有天失去妈妈，也不会感觉孤单了。"我说："我不会失去你，因为你是主角，主角永远都是到最后的。"

早早说我有时候好讨厌，她想把我丢到垃圾筒里面去。我知道她是喜欢我的时候才说这个，我就跟她说："那你一定要记得把我丢到'可回收'那里面哦。"她就笑了，不丢我了。

2012-7-7

妈妈加油，你永远是我的第一名。你是主角。（《女人如歌》赛后）

2012-10-25

早早很喜欢和我玩比赛的游戏，她喜欢玩的原因是因为她会赢。今天我们玩说谎大王的游戏，我们都说一个谎，由我先说。我说我一点都不爱你。结果很明显，我终于赢了，说谎大王是我。

2012-12-1

妈妈说："一会儿见到易老师要乖哦，给妈妈争气。"我说："我又不是电饭煲，怎么蒸汽。"妈妈瞪着我。我赶紧转圈："马上变身电饭煲，噼噼噼噼！"

2012-12-22

男孩子就应该霸气，女孩子就应该娇气。

2012-12-24

陪早早工作，她心情不太好，她不想写案子，不想工作，我很急。怎么劝她也不听，我只能跟她说："你不能这样，你不是答应我要买一大堆屎一大堆尿把我养大，喂我到十八岁吗？"她笑了，开始工作。

2013—1—24

我们玩了一个有趣的游戏，叫作"你是什么，我是什么"。早早说："我是花朵。"我说："那我是蝴蝶。""我是树。""那我就是草。""我是马路。""那我是汽车。""我是太阳。""那我是月亮。""我是眼睛。""那我是眼屎。"早早又说："我是牙齿。""那我是蛀牙。"

2013—2—10

主角情人节快乐！愿妈妈永远幸福，长生不老。还有，祝山治和娜美，鸣人和小桃，佐助和全村的女孩，大雄和静香，柯南和小兰，贝吉塔和布玛，悟空和琪琪等等情人节快乐！

2013—2—14

后天就要开学了，我第一次不能天天陪伴在早早身边了，读寄宿学校。早早跟我说要我乖，记得每天把脸洗干净，要交很多新朋友。我跟早早说，我已经做好变身电饭煲的准备，保证争气！我很担心她，要照顾好自己！

2013—2—18

我回学校之后，这五天你要好好的，乖乖吃药我就会开心，哭了没有人抱抱你我会担心，失眠了我不在谁陪你到四点？所以，记得要按时吃药，不要哭，不要失眠。

2013—3—3

没有长长的头发，就不是公主了，正好，反正我也不是王子。以后，你是短发的布玛，我就做帅气的贝吉塔。就是很爱你，早早妈！

2013—3—9

今天终于又可以陪妈妈了。我不知道妈妈心里在想些什么，但是我知道妈妈在伤心什么。我不知道怎么帮助和安慰妈妈，但是我知道我应该答应她一件事。早早，我答应你，我永远不会对你说谎，我永远不会伤害你，我永远都不会抛下你。妈妈笑笑，好吗？

2013-3-15

好好吃饭，好好睡觉，好好吃药。晚上记得要把心灵感应功能打开，因为我会跟你说"早抖"，我会帮你捏脸脸和咬手臂，会搂一下你。妈妈拜拜！

2013-3-17

暴风雨来的时候，我最担心的事情是：妈妈正在逛街，没地方躲，没有安全三角区。

2013-3-22

你要答应我：一个人不要出去逛街，要好好吃饭和吃药，早点睡觉。我会答应你：春游一定不会走丢，在学校会快乐，不让你担心，绝对不会吃鸡肉！妈妈再见！

2013-4-6

妈妈，我去学校之后，这周的主题是要多喝水，每天要喝五杯，实在不行，三杯也行。不要藏药，不要不起床。要听话，不能一个人上街。还有，说你不靠谱是假话；真话是你比较靠谱。

2013-4-14

这几天早早有没有发生什么？我一直都在担心。冰箱里的酸奶也没有动过，我拿了一盒给她，她才有喝。陪她买了一条新裙子，看了好看的电影。

我爱你，早早，你要高兴！

2013—4—28

谢谢妈妈假期陪我玩，谢谢妈妈给我买新的擎天柱和陪我看钢铁侠。我在商场写了字条给妈妈，妈妈也写了字条给外婆。我去学校会听话，下周母亲节，再下周是你生日，妈妈要等待礼物。

2013—5—3

今天回家了，我用一下午的时间就写完了作业。早早说要我陪她玩，还要玩有意思的，我只有说："那你给我一块香蕉皮吧，我表演一个下叉给你看。"

2013—5—10

31了，31了，31了。我只希望你永远都是21！早早生日快乐，我爱你！

2013—5—19

早妈生日快乐，我没有什么好叮嘱你的，我只希望你赶快把病治好，我也好好学习，我希望以后变成一个走读生，能天天和你在一起。

2013—5—19

妈妈说会带我去看电影《超人：钢铁之躯》。我说："你猜为什么他胸前会有一个S？"她没有回答我。我赶紧说："那是因为他穿小码的衣服。"然后，妈妈愣住了，又笑了。

2013—6—21

早妈会不会觉得我现在太幼小了？可是我总有一天会长得比他还要高一些，我就可以保护你。

2013—8—6

长大以后我也要写一首歌给我妈妈，但是歌词不一定适合所有儿子唱。我一直在想歌词，但是不知道调怎么写。歌词有一句肯定是：我四岁和你抢彩色笔，你哭了我对不起你。

2013—8—11

早早："为什么你会是我的儿子？"我："当时我在天空飞翔，本来要去很远的地方，可是喷射器突然坏了，就掉在你家，发现生活好快乐，就不飞了，变成了你的儿子。"

2013—8—27

◎ 作文版

秋天的童话

秋天来了，天气变得凉爽起来了。周末的早上，我和妈妈换上了长袖，计划着如何度过这美好的一天。

公园里有很多落叶，我走过去，拾了一片递给了妈妈。妈妈说，树叶掉在地上，好可惜，不知还能作什么用。我把落叶叠成了心形送给了她，希望亲爱的妈妈开心。

草地仍然是软软的，虽然没有前段时间那么绿。微风吹过，微黄的小草还是很精神地随风舞蹈。

美丽的风景、美丽的人、美丽的话语，这不就是我心目中秋天的童话吗？

16×18=288字

精灵的旅行

很久以前，在一个遥远的国度住着小精灵，他们可爱又善良。等精灵老人给他们喷气背包的时候，他们就会带着责任去旅行。

他们穿越了高山、大海、森林，也穿越了高楼大厦，最终会在美丽的花园里留下来。花园里有大树、草丛，好热闹。精灵和花儿生活在一起，开心又幸福。

天空有晴朗的时候，可是也会下雨。有一天下雨了，有一个小精灵看见一朵花儿在独自慌乱躲雨，她的身边没有大树。这个小精灵取下了自己的喷气背包帮她挡雨，花儿开心地和他说话游戏。天晴了，小精灵也留下来陪伴她，不愿让她孤单。

大树是爸爸，花儿是妈妈，留下来的那个小精灵，是我。

春天的无名花

春天来了，万物复苏，生机盎然，小草从草地探出头来，小溪也慢慢解冻了，草地又开满了无名花。

世界上有许多人喜欢花，有的人喜欢玫瑰花，有的人喜欢向日葵，还有人喜欢水仙花，可我最喜欢无名花。

无名花在哪个地方都处处可见，无名花虽然不够其他的花一样可爱、美丽，不过无名花有一个优点是其他花没有的，那就是坚强！

上次我在宿舍时，竟发现墙角这长了一朵无名花！它竟在一个阳光很少、水也稀少的地方生长了！我惊喜万分，我想这一朵无名花可能是最坚强的一朵吧，竟在这里生长。

我的妈妈很坚强，像一朵无名花，我的班主任也很坚强，也像一朵无名花。

无论是花，还是人，我们都经常学无名花的一个优点，坚强！

有趣的妈妈

你觉得在你们家里谁最有趣？爷爷？爸爸？姐姐？还是妈妈？我觉得在我家里妈妈最有趣。

说我妈妈老实，不是，有时她也很搞笑，说她搞笑吧，有时她也很凶，说她凶，可是有时她也很温柔。所以我妈妈的性格是千变万化。

我妈妈有时在我失败时会对我笑，不过，我知道妈妈是想哄我开心。

有一次，我在学校伤心了，回到家也沉默不语，可是我妈妈在家手足舞蹈，说："宝宝，别伤心。"

在我心里最深刻的是在我幼儿园时我被同学踩了一脚，青了，我妈妈知道了这事，立刻去我幼儿园，把踩我脚的那个人的脚也踩青了。

有时你可能有一点烦她，因为，她每天、每时、每分，甚至每秒，都会问你很多句常问的话："你是我儿子吗？""我是你的亲妈吗？"那时我心里都会想：废话！

如果你和她相处久了，她还会向你卖萌。

怎样？我妈是不是很有趣？你喜欢我的妈妈吗？

◎信件篇

妈：

你是我最爱的天使，我爱你。

你也是世界上最美的最可爱的最狡猾的妈妈，希望你开心。

峻叔

致早妈：

早妈，虽然母亲节又到了，不过你一点都没老，我爱你。

今天是你的节日，妈妈我很爱你，长到那么大，我第一次说给你听，妈妈我告诉你，我找到了真正的哗——
那么多年支撑我的，是妈妈你的眼泪，
你的怀抱是温暖的海洋，童年欢乐的
时光，你注视我慈祥的目光，跟随着
我飘向了远方，妈妈我多想为你歌唱。
我——爱——你！

峻叔

章早妈：

今天是你的生日，妈妈我很爱你。

妈，你的生日到了，我会跟你说生日快乐。我画了一幅画，希望你能满意。

妈，你担心你会老吗？

不会的，妈。

叔送

致文艺的早儿姐的一封信：

致如此美丽的公主，居然是个不靠谱的妈妈，也被称为早儿姐。

虽然你有的时候不靠谱，但是现在是靠谱的。

我写这封信之后，怎么躲得过你的十八个"亲"呢？

叔送，叔妈收。

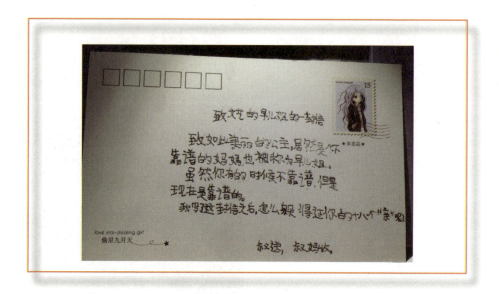

亲爱的妈妈：

母亲节快要到了，我想对妈妈说："节日快乐！"

我的妈妈很年轻，你一个人带大我很辛苦，每天工作很忙，还想办法找时间陪我玩。

我很爱妈妈，很想为你做些什么。妈妈有时候不能陪我写作业、吃饭，我很想做个好孩子，不让你操心。

妈妈总说我"聪明又调皮的儿子"，我说妈妈是"多么美丽多么可爱"的妈妈，每次说起这，我都很开心。

妈妈你辛苦了！过几天是你的节日，又是你的生日。我想对你说："我爱你，你永远是我的主角！"

峻叔

叔的早：

好，你也一定要保持漂亮哦！

叔

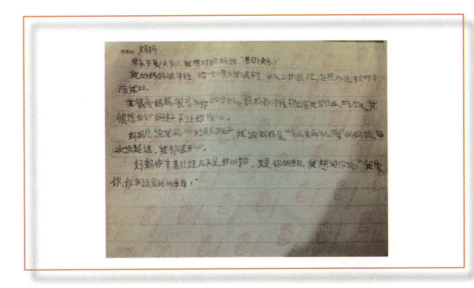

致早儿的一封信

今天我要上学了，你应该会想我吧。

不过你不用担心我，因为：

1. 我不会出校门；

2. 我不会跟同学打架。

叮嘱早：

1. 每天要好好吃（饭／药）；

2. 每天要注意安全；

3. 你要让人跟你出去，你才能出去。

峻叔

亲爱的早早，我是最爱你的峻叔：

三八妇女节快乐，我每天都会去学校路上采一朵蒲公英，我叫它早早的好运蒲公英。我每次都吹一个，我说：祝好妈妈永远开心快乐。

你是我永远的主角哦！

峻叔

致美丽的早妈一封信：

早妈，当我写这一封信时，就是你演完讲走的那一天。

你没来之前我过得很好，当然，你来了更好。好吧，这话是废的。

妈，我偷偷地告诉你，其实我写的时候一直在左右看，因为这话是不能被发现的，嘘……老师说我们写信时一定要说什么地方哇，什么好什么玩。算了，不说了。

妈妈，我顺便向你说一下上次带我回宿舍的那个老师对我说的话：老师说到了我比较感兴趣的海贼王，他说路飞有一颗王者的心，影响了很多人。叫我要做一个有王者心的人。

妈妈。我在这过得很好，你不用担心。

爱你的峻叔

◎手工篇

"The Sandbox"游戏

妈妈拉着我的手，天边满是彩虹。

峻叔

早妈坐在我的单车上。

峻叔

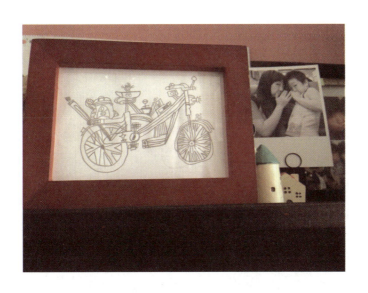

如果你 4 点来，我从 3 点就会感到幸福了！

峻叔

性格色彩学院课程介绍

性格色彩学院，在乐嘉老师的带领下，一直致力于研究、培训和推广"FPA 性格色彩学"这一风靡国内的实用心理学工具。学院既有线上课程，又有线下课程。

线上课程是创始人乐嘉老师亲自讲授的《乐嘉性格色彩：一眼看透人心》有声微课，于 2016 年 12 月登陆喜马拉雅。无论你是初次接触性格色彩，还是已经参加过线下课程，都可以从这个专辑中获取性格色彩的丰富知识与能量。该微课共有 52 期性格色彩读心术课程和 32 期乐嘉老师亲自朗读的励志大作《淡淡》有声书，每周一、三、五更新，所有内容可以永久重复回听，可以方便地利用碎片时间收听学习，仅需 199 元。扫一扫以下二维码，即可进入购买收听：

线下课程分为两类：一类是专业课程，分为读心术 - 进阶 - 高阶三个阶段；一类是演讲课程，包括跟乐嘉学演讲课程。

性格色彩读心术课程——看谁看懂，想谁想通（2 天）

这门在企业和个人中已经流行了 15 年的课程，是性格色彩课程的基础，让你便捷地读懂自己、看懂他人。

认清自我——通过洞见，使你看清自己是谁，深知自己的长处和短处，做自己的镜子。

读懂他人——通过洞察，学会读心术，不仅能分辨出他人性格，更可知道其他人行为背后的动机。

性格色彩进阶课程——修炼自我，影响他人（3 天）

区分其他性格分析系统与性格色彩最大差别的奥秘全部在这个课程中。

洞见和洞察——当几种性格色彩混淆时，要学会判断是真实的性格还是伪装的性格、学会分析个性的成因，以及最重要的，学会读懂任何行为背后内心真正的动机。

做最好的自己——真实的自己未必美好，在真实的前提下，如何修炼达到个性平衡。

影响和搞定——学会用适合别人性格的方式对待别人，搞定一切难搞的人。

性格色彩高阶课程——助你成为指引人心的高手（6 天 3 夜）

这是一个帮助你达到性格色彩运用高级境界的课程——你将拥有与所有人内心对话的奇妙能力。你将成为熟练运用性格色彩工具的人，既可以帮助自己应对工作、生活中人际关系的深层问题，又可以成为解答他人困惑的指引者和助人者，通过一对一的谈话，走入对方内心，消除其痛苦。

性格色彩演讲课程——跟乐嘉学演讲（5 天 3 夜）

无论你是演讲菜鸟还是演讲达人，这门课程化腐朽为神奇，让你在舞台上有超凡魅力，走上超级演说家之路，成为即兴说话的高手。这也是目前乐嘉老师唯一亲自传授的演讲课。

突破自身演讲局限——你所有演讲的优势和局限都与你自身的性格有关，洞悉性格奥秘，可以帮助你成为更好的演讲者。

塑造你的演讲风格——不同性格的演讲者适合的演讲方式及套路不同，唯有这门课程，可以根据你的性格为你量身打造属于你的演讲风格。

乐嘉官方微信（lejiafpa）

FPA 性格色彩

性格色彩奇妙卡牌

更多详细介绍，请查阅性格色彩学院官方网站。

官方网站：http://www.fpaworld.com

课程咨询电话：400-085-8686（您可以电话咨询并直接报名课程，也可以电话预约参加免费性格色彩沙龙）

性格色彩入门卡牌介绍

性格色彩入门卡牌是性格色彩学院历经9个月时间开发而成的一套便携工具。它只有12张牌，可以轻轻松松装在钱包里面，却是一套快速准确的知己识人的神器。

1. 可以帮助性格色彩初学者通过卡牌来回顾不同性格的优势和过当。四种性格优势过当各不相同，对于初学者而言常常会混淆不同性格的特点，而出现记忆和理解上的偏差。而当你拿起卡牌的那一刻，你会神奇地发现你能通过一张卡牌的特点，自动联想起更多的特点，让记忆和理解都变得容易。

2. 入门卡牌是一套完整的性格色彩测试题。你只需要花3分钟的时间，即可领取到属于你的性格色彩。卡牌在设计上通过卡通图画来表达不同性格的特点，生动而且形象。无论是几岁的小朋友还是不懂中文的外国朋友，都能够使用这套工具进行测试。测试完成后，只需要简单的计算即可得到精准的结果。

3. 无论是朋友聚会，还是拜访客户，卡牌都可以帮助你打破沉闷的气氛，随时随地开展一场探索自我的旅程；帮助你在聚会上成为解读心灵的大师，成为客户眼中知人识人的高手。

4. 当你的朋友愁眉苦脸地来告诉你他最近心情不佳，也许是工作上与人发生了摩擦，也许是和家人的沟通不顺畅又或者是恋爱中不明白对方在想些什么。这个时候卡牌即刻化身为咨询工具。通过摆放卡牌不仅仅可以让对方明白冲突是如何发生的，对方行为背后的动机，还可以从解读牌面的过程中，找到化解危机的方法。

5. 探索自我和完善自我是每个个体的源动力。卡牌会帮助你了解自己性格上的优势，也能帮你看到自己性格中的不足。夜深人静的时候来一场自己与自己的对话吧，看看这些年的得失，展望一下未来工作和情感的走势，然后带着对未来满满的期待入睡。

6. 性格色彩卡牌是一套持续研发的工具包，性格色彩学院也会持续不断地开发出其更多的玩法和用途——预测、分析甚至对战，让卡牌适用的场景和能解决的问题越来越多。当然，你也可以自行设计更多的玩法，成为性格色彩卡牌大师！